AF227210

BEAVVAV
RELATION
IOVRNALIERE DV
VOYAGE DV LEVANT
faict & descrit
PAR HAVT ET
puissant Seigneur HENRY
DE BEAVVAV Baron du
ditt lieu et de Manonuille
Seigneur de Fleuille, ser
maise, Domepure, &c
Reueu augmenté et enrichi
par l'Autheur de pourtraicts
des lieux les plus remarquables
A NANCY
Par Iacob Garnich
Imprimeur lur'Or-
dinaire de Son Al-
tesse. 1619
ASIE
AFRIQVE

A TRES-HAVLT

TRES-PVISSANT
ET SERENISSIME PRINCE
HENRY PAR LA GRACE DE DIEV DVC
DE LORRAINE, MARCHIS, DVC DE CALABRE,
Bar, Gueldres, Marquis du Pont-a-Mouſſon
& Nommeny, Comte de Prouence,
Vauldemont, Blamont,
Zutphen, &c.

ONSEIGNEVR,

Voicy la ſeconde fois, que ie pre-
ſente vn meſme liure a Voſtre ALTESSE
Que ſi elle luy a faict l'honneur, de
le veoir volóntiers la premiere, i'eſpere qu'elle le trou-
uera plus agreable a celle cy, puis qu'il eſt aucunement embelly. Neantmoins ſi Voſtre ALTESSE veut
ietter l'œil ſur m'a tres-humble intention, elle verra que
toutes mes actions ſont vniformes, puis que leur but
n'eſt

n'est autre que voſtre ſeruice. Mon mal-heur m'oſte pour
le preſent l'occaſion de teſmoigner a Voſtre A L. par de
meilleurs effaicts combien outre le debuoir de la naiſſance & de la fortune ie luy ſuis affectionné. Car encor que
les loix nous donnent des Princes ſi faut il que voſtre
bonne volonté nous les conſerue. Mais le merite de V. A.
& les vertus veritablement Royales, conuiét inſenſible-
ment les cœurs de tous ceux qui ont l'honneur de la co-
gnoiſtre, a ſe ſoubmettre & maintenir ſous ſon Empire.
Ou s'auroit-on auſi trouuer autre part qu'aupres de V. M.
tant de bontés, clemences, magnanimités & liberalités?
Et ie puis dire ſans hyperbole qu'elle a aſſez de tout cela,
pour en fournir & diſtribuer ſuffiſamment a tous les autres Princes de la terre. Ie deſcris en ces cayers ce que i'ay
remarqué de plus notable en Affrique, & en Aſie, mais ie
veux bien declarer icy a toute l'Europe qu'il n'y a pas vn
des ſeruiteurs de Voſtre ALTESSE plus prompt a obeir
a ſes commandemens que moy, qui demeureray toute
ma vie.

MONSEIGNEVR

Tres-humble, tres-obeiſſant
Seruiteur & Vaſſal de

Voſtre ALTESSE.

BEAVVEAV.

PREFACE
AV LECTEVR

CE mesme desir qui m'a porté sans aucune crainte de danger ou de peril au dela de tant de Montaignes, Riuieres, & Mers m'a faict aussi diligemment remarquer en vn si long voyage tout ce que ie iugeois estre digne de la cognoissance d'vne personne de ma qualité. La cause de mon dessein fut la curiosité; la fin de me rendre plus capable de seruir mon Prince; La forme, les peines & le continuel trauail que ie me suis reserué a moy seul afin de vous en communiquer la matiere en ce present discours libre de tant d'incommoditez que l'on souffre en semblables entreprises Vous recognoistrez facilement par toute la suitte d'iceluy qu'il n'a esté escrit que pour estre mõstré a mes amis. Et certes il ma tousiours semble qu'il eut esté meilleur de ne luy point dõner dauantage de lumiere. Mais ceux la mesmes qui le voulurent lire en particulier, eurent bien le pouuoir sur moy de me le faire mettre sous la presse pour le faire voir au public. Estant donc ainsy persuadé ie me suis laissé doucement vaincre a ceste opinion que i'ay fort approuuee depuis que i'ay sceu qu'il a esté rimprimé en diuers lieux. C'est pourquoy i'ay desiré de n'estre ingrat du contentement qu'on en a receu en le faisant enrichir des desseins de toutes les belles Villes & Places que i'ay veues en mon voyage. l'Histoire duquel ie partageray en six parties. La premiere l'on tiendra le traicté de Venise a Constantinople. La secõde la description de ceste grande Ville auiourd'huy Emperiere

d'vne grande partie de l'Vniuers.   La troisiesme le chemin de là en Ierusalem.   La quatriesme parlera de ceste
Sainste Cité & de tout ce qui se voit a l'entour. La cinquiesme du grand Caire, monstre des Villes.   Et la derniere
comprendra tout le chemin depuis l'Egypte iusques a Naples, ou ie vous prieray d'accepter ma bonne volonté & lire
ausi volontier ce liure comme de bon cœur ie vous le donne.

À DIEV.

NOMS DES LIEVX AVECQVE LEVRS
distances mesurés par Mils.

EVROPE	
ITALIE	
Venise	
Lio	
ISTRIE.	
Pyran	mils
Parenso	100
Reuigno	
Pola	30
Promontor	
Golfe de Carnere.	
SCLAVONIE ET Dalmatie.	
Sanfego	
Saint André	
Lissa	200
Lesina	
Cusa	
Cursola	
Ausia	
Augustini	
Meleda	70
Saint André	
Raguse	60
Castel Nouo	
Bouche de Cataro	50
Budua	
Dulcigno	
Golfe de Ludrin	50
ALBANIE.	
Durazo	
Valona	110
Corfou	75
Piran	
Santa Maura	
Zephalonia	105
GRECE.	
Zante	70
Cursolari	
Compar	
Golfe de Lepante.	
MOREE	
PENINSVL	
Striuari	
Nauarin le neuf	
Nauarin le vieux	
Modon	
Sapientia	
Coron	
Matapan	
Cerigo	130
Portodi quailla	
Fortesa de Mena	
Millo	100
Scio	200
Metelin	80
Troia	88
Tenedo	7
Dardanelli	15
Galipoli	30
Marmorat	70.
Constantinopoli.	100
Palorme	100
Marmorat	60
Galipoli	70
Dardanelli	30
Tenedo	15
Troia	7
Metelin	88
Scio	80
ARCHIPELAGE.	
Samo	100
Nicaria	
Palmosa	
Leria	60
Lango	40
Rode	100
ASIE.	
CARAMANIE.	
Satalie	250
CIPRE	
Piphanie	100
Baffo	
Capo Greco	
SIRIE.	
Tripoli	130
Barut	50
CIPRE	
Les Salines	150
Limiso	50
Famagusta	50
PALESTINE OV Terre Saincte.	
Chasteaupelerin	230
Caifa	20
S. Iean d'acria	10
Caifa	

Caïfa	10.	Ascalon		Foua	110	Turpia	20
Chasteau pelerin	20	Gasa		Roussette	40	S.Eufema	30
Cesarea	25.	Rama	40	Alexandrie	50	Castillione	10
Antipatria ou Assure		Ierusalem	30	Candie	550	Lamentia	18
Iaffa	35.	Rama	30	Malte	700	Pola	18
Lyda		Iaffa	10	**EVROPE**		Belueder	24
Rama	10.	**AFFRIQVE**		SICILE.		Scalia	18
Acaron		EGYPTE.		Saraguse	120	**PROVINCE DE**	
Gepna		Damiette	260	Auguste	20	Salerne.	
Asot		Bouquiers	150	Catagna	40	Policastre	34
Get		Roussette	30	**ISLES**		Cap de Palinur	20
Berdaga		Salomon	150	Vulcano		Lassarolla	34
Argiras		Boulacque	150	Lipari		Salerna	60
Bese		Legrand Caire	5	Stromboli	3	Naples	30
Macons		Boulacque	5	**CALABRE**			
Echie.		Salomon	150	Ioia	40		

ABREGE DES ROYAVMES PROVIN-

ces, Chasteaux, subiects a la Puissance des Empereurs Ottomans, combien
il y a de Vice-Roys, appellez Belerbet.

PRemierement les noms dès Royaumes aufquels il y a des *Beilerbeis* separés l'vn de l'autre, qui sont au nombre de quarante.

Beilerbei de Romani.	Miser	Isna	Tames
Natoli	Buda	Egri	Nachsiuian
Caramanie	Magribi Zemin	Bosna	Murgis
Arzzum	Gemen	Cars	Bagdad
Maurum	Habes	Thiplis	Temisuar
Zuleadir	Tunus	Thebris	Lahsa
Vair	Kibris	Echissa	Trabozan
Halep	Schami Tarabulus	Sirnan	Renan
Barbarie Cezair	Dicar-bekir	Genic	Schrisol
Scham	Basra	Goci	Sircas

Sensuiuent certains noms de certaines places commandees par Saniaques
en ayant par tout l'Empire trois cents octante trois.

Suiuent les Bourques appartenans au Belerbeiat de Romanie comandés par Saniaques
Premierement celuy de

Selanich	Moca	Hersech	Deluine
Nigeboli	Chefe	Vluna	Vixa
Silistir	Terhale	Clissa	Ochri
			Cremen

Cremen	Geli	Bezzerim	Emeschan
Elbasan	Ducachin	Vinoca	
Vschub	Iunia	Costendie	
Tschenderie	Selmam Colie	Bacuch	

Bourgues appartenans a la Barbarie commandés par Saniaques.

Galipoli	Egriboe	Carlule	Veterin
Mildiltia	Eniebachti	Ersusech	

Bourgues appartenans a Buda commandés par Saniaques.

Semendri	Istolin Beligrad	Hatuan	Eilech
Rotos	Ostrogen	Nonigrad	Rolune
Boirga	Coppan	Solnuch	Sechsan
Srein	Sihimontorna	Ariral	
Muhac	Sezedin	Sechsar.	

Bourgues despendans de Temisuar, commandés par Saniaques.

Vidin	Alacahisar	Graued
Temisuar	Lippoua	Arad

Quelques Bourgues despendans de la Natolie cõmandés par Saniaques

Cotalica	Hodanendicar	Beli	Peiga
Aidin	Tecie	Castamoni	Sultanuigi
Arahan	Hadin	Chetoli	
Mentesa	Carehisar	Alanue	
Engura	Cocailii	Cudus	

Bourgues de Caramanie commandés par Saniaques.

Conla	Nigde	Acseher	Adana
Caisaria	Acsarai	Carseher	
Icel	Iechsehrii	Tursun	

Bourgues appartenans a Sam commandés par Saniaques.

Saim	Caxa	Tuhut	Aclun
Cudeserif	Safer	Nabulus	Gerls & Sebeg

Bourgues appartenans a Halep, commandés par Saniaques

Hama	Bireng	Macara	Balis
Hamas	Igraduclis	Aris	Selmue.

Bourgues appartenans a Murgis commandés par Saniaques.

Boyas	Aiuat	Melatia
Sis	Chars	

Bourgues appartenans a Rum, commandés par Saniaques.

Ancascia	Diurigi	Arebgir.
Curem	Canbeg.	

PREMIERE

PREMIERE PARTIE
DV
VOYAGE DE LEVANT.

*V*ENISE miracle du Monde sera le commencement de mon liure comme elle le fut de mon voyage. Si ie voulois m'amuser à descrire les singularités de ceste ville, Monsieur le *Baron de Salignac* qui s'en alloit Ambassadeur pour le Roy de France vers le grand Seigneur, m'atendroit trop. C'est auec luy que ie partis le premier iour de Nouembre desdié à tous les Sainéts l'An Mil six cens & quatre. Nostre vaisseau estoit vne *Sitie Françoise.* Et le lieu de nostre embarquement fut a *Lyo,* deux milles de Venise. c'est vne forteresse gardāt icelle ville vis à vis de *Castel Nouo* lieu semblablement fort, se recognoissans tous deux & deffendants l'vn l'autre. Ces places sont fort bien entendues; & basties dedans deux Isles, sont l'asseurance & comme les Clefs de Venise munies ordinairement de bon nombre d'hommes & d'Artillerie. Prés de la se voit vne forte Tour assés haulte, que l'Empereur *Frederic Barberousse* fit bastir en ce lieu. Mais vous verrez mieulx tout cela dans ceste Carte.

Venise.

Lyo forteresse.

A

1. Place Sainct Marc.	8. Saint Clement.	16. Eglise.
2. Statue de Bartholomee Colliane.	9. Saint Esprit.	17. Saint Segond.
3. Pont de Realte.	10. Saint Ponegi.	19. Saint Michel.
4. Entree du costé de Padoue.	11. Viel Lazarette.	20. Saint Chrestophle.
5. Lieu de la Douane.	12. Saint Lazar.	21. Pont de Larsenac.
6. Sainct George.	13. Saint Seruese.	22. Arsenac.
7. Saincte Marie de grace.	14. Entrée de Venise du costé de Leuant.	
	15. Lazarette le neuf.	

Istrie Le vent nous ayant auancé octante Mil sur le Golfe nous entrasmes en *Istrie*, & passant prez de *Pyran* ariuasmes

Parenso *ville* à *Parenzo*. C'est vne ville fort ancienne, & port, ou pour l'incommodité du temps nous seiournasmes vn iour.

                   Le

Le lendemain nous vinfmes a *Pola*. Pline la nõme *Celonie* & *Iulia Pietas* : Calimacus dit, qu'elle fuft baftie premiere-ment, par les Exilez & Bannis, & à efté ruinée par deux fois, premieremét par *Attila*, & depuis par *Andrea Tyepolo* Dũc de Venife. Elle eft fituée fur vne montaigne, au fommet de laquelle il y à eu par autrefois vn Chafteau, comme il fe voit par fes ruynes. Aupres de la Ville y a vn *Amphiteatre* de pierre de taille, & affez entier pour fon antiquité, bafty par les Romains, auec d'autres œuures magnifiques, apres qu'ils eurét fubiugué tout ce Pays. Voyés en icy le deffein tant du Port, que de la Ville.

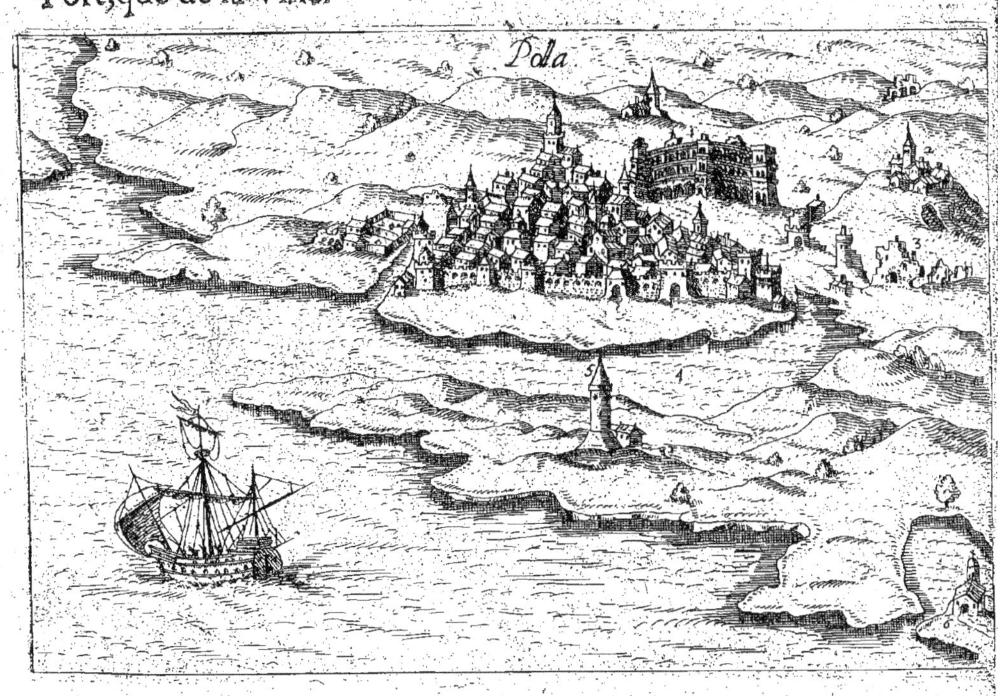

Dalma-
tie.
Zara for-
teresse.

Non guere loing est le païs de *Dalmatie*, & la Ville de
Zara, qui est vne des meilleures forteresses qu'ayent les Ve-
netiens sur le Golfe, y tenant d'ordinaire grãde garde, pour
craincte des Turcs. Elle estoit anciennement appellee
Zadara. De la retournans vers la Mer, se voit vne petite Isle,
Martena
Isle.
où se fait le bon vin de *Martena*.

Isles de S.
Andre &
de Lesina
Passant plus outre nous laissasmes l'Isle de S. Andre, &
celle de *Lesina* patrie de *Demetrius*, & *Clissa* forteresse appartenant aux Turcz. Nous laissasmes aussi *Sebenico* & plusieurs aultres Isles appellees anciennement *Diomediennes*,
& maintenãt *Tremiti*. De la nous arriuasmes à *Raguse*,
nous destournãt expres de nostre chemin par ce que l'Ambassadeur auoit à donner des lettres, à la Seigneurie de la
part de son Maistre.

Raguse
ville &
Repub.
Ceste Ville est la Capitale de l'*Esclauonie*, fort marchande
& riche, à cause de la Mer. Elle est placée entre des rochers,
de soy fort sterile, mais neautmoins qui rapporte toute
sorte de fruictz, pour le soing que les habitans y prennent
en y portant de la terre d'ailleurs.

Il y a vn bon port couuert de montaignes, la Ville bien
fortifiée; les plus beaux Palais sont dehors, au dedans les
rues sont fort estroictes mais les Eglises sont assez belles
Dont celle de *Sainct Blaise* patron de la Ville est iolie, enri-
chie au dehors de quãtité de belles Images de marbre. Celle
de *Saincte Marie*, est le *Dôme* & la principale, bastie de
pierre de taille, & ornée au dehors de marbre; Le dedans est
assez

affez obfcur, fentant fon antiquité. Les chofes rares qui s'y voyent font vn grand Crucifix, entre vn fainct Iean, & vne Magdelaine, le tout d'or & d'argent, excedant chafque figure le naturel : Et le grand Autel qui eft doré, tout releué en perfonnages, & enrichy de plufieurs pierres precieufes.

Il y à encore vn autre Autel de mefmes eftoffes non pas fi grand. Oultre tout cela il y a quantité de Reliques apportees en ce lieu de diuerfes pars, rauagés des Turcs, particulierement il y a le linge, que les Pafteurs apporterent à la naiffance de noftre Seigneur, pour l'enuelopper, puis partie de la Sepulture & de la Colomne ou il fuft attaché. Il y a encor deulx autres Eglifes, l'vne des *Capuchins*, l'autre des *Iacobins*, en chacune defquelles il y a vn autel d'argent doré pareil a celuy du Dome. Au refte l'Eftat de la Ville fe gouuerne comme Republicque changeant tous les mois de Recteurs, qui eft la qualité Souueraine, retenant nonobftāt toufiours les Confeillers. Elle fe maintient en liberté en payant annuellement *quatorze mils efcus* au grād Seigneur en defpandant quafi autant à faire des prefents, & à traicter les Turcs qui les viennent voir. En recompenfe dequoy ils trafficquent librement, par tout l'Empire des *Ottomans* exemptz de toutes gabelles. Leur Seigneurie s'eftant fur le pays d'alentour & fur quelques Ifles, qui font entre *Curfola* & le Golfe de *Cataro.*

Pres de la il y a vne contrée ou en hyuer il fe faict vn Lac, par l'amas des eaues, auquel s'engendre des poiffons fi gras, qu'il ne fault point d'autre graiffe pour les cuire & au Printemps l'eau s'en retirāt, on y feme des grains qui reuiennent

en

en abondance. Tellement qu'en mesme terre, il s'y fait tous
les ans & pesche, & moisson. A vn mil de la se font les plus
grands vaisseaux de la Mer Mediteranée. Et affin qu'ayez le
plaisir de veoir l'assiette de *Raguse*. Ie vous en ay fait pein-
dre icy le dessein.

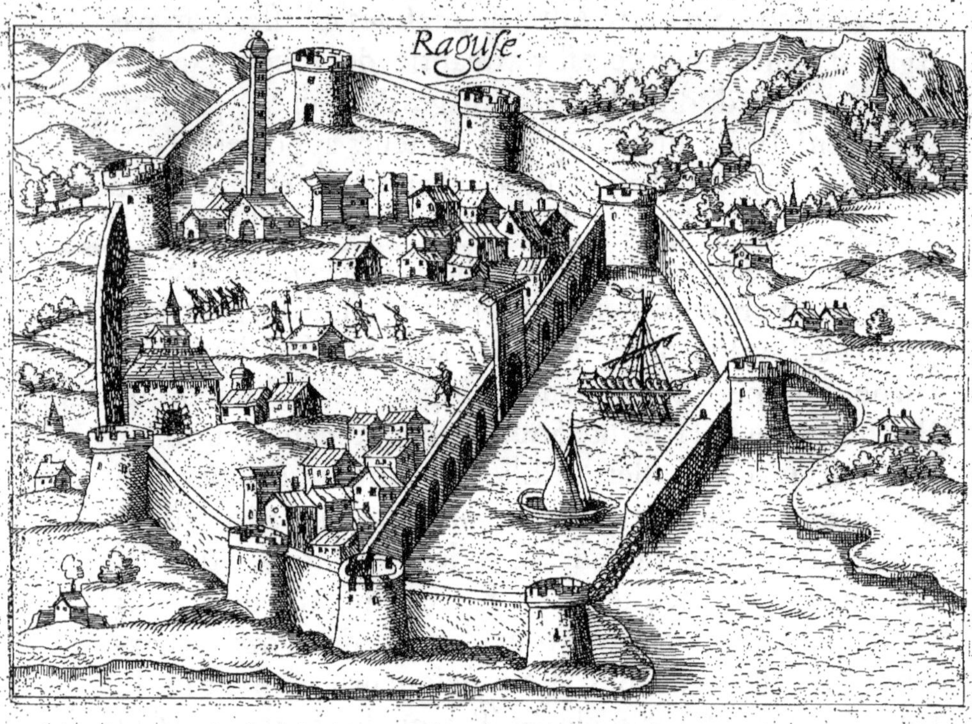

Apres auoir prins congé de la Seigneurie, nous remontasmes sur Mer, & laissãt *Raguse* derriere passasmes par deuant le Golfe de *Cataro* sur lequel sont basties deux forteresses de grande consequence. La premiere s'appelle *Castel
Nono*, possedée des *Turcs* & asseurée par vne forte Garnisõ
                                                              pour

pour la crainéte qu'ils ont du voyſinage des *Chreſtiens*, auſ-
quelz *Barberouſſe* ce grand Corſaire l'oſta de force, en y
faiſant mourir en la prinſe d'icelle *quattre Mil Eſpagnols.*
Mais voicy le pourtraiét de Caſtel Nouo.

La ſeconde fortereſſe eſt celle de *Cataro*, qui donne ſon
nom au Golfe. Elle eſt ſituée en pays aſſez ſterile de ſa Na-
ture, mais tellement cultiué par l'induſtrie & trauail des
habitans qu'il abonde en quantité de vins, huilles & autres
excellens fruiétz. Ceſt aux *Venitiens* leſquelz y main-
tiennent bonne Garniſon pour eſtre frontiere des *Turcs.*

Le

Le Chasteau est basty sur le sommet d'vne haute Roche, situation qui rend la place imprenable, comme vous pouues
veoir par ce present dessein.

Continuant nostre voyage nous laissasmes bien tost en
arriere la Ville de *Budoa*, appartenante aux *Venetiens*, qui la
gardent pareillement par vne bonne Garnison.   Elle est
assisse sur le bord de la Mer priuée de port & accõpagnée
d'vne plage mal asseurée. Au circuict d'icelle & dedãs terre,
y a vn Couuent de *Cordeliers* & quelques Villages. Et dans
la Mer non loing de la se veoit vne petitte Isle habitée &
nommée

nommée *Coietto*. vous verrez tout cela representé icy
deſſoubz.

1. *Confins de Cataro.*   3. *Traſto.*   5. *Ville de Budoua.*
2. *Saint France.*   4. *Port de Traſto.*   6. *S. Coieto.*

Nous trauerſaſmes par apres le Golfe de *Dulcigno*, ainſy *Golfe de Dulcigno*
ſurnõmé d'vne forte place qui eſt aux *Venitiens*. Son aſſiette
la rend plus forte, que les groſſes Tours quarrées qui l'enuironnent. Car elle eſt auancée dans la Mer en forme de peninſule Les gens de guerre maintenus en bõs nombre la dedans la rēdent encor plus aſſeurée de la puiſſance des *Turcs*

B

Regar-

Regardés en icy la delineation tirée le plus diligemment
qu'il m'à esté possible.

Dela nous passasmes au Golfe de *Ludrin*, auquel entre le
fleuue de *Drino* qui separe *L'Esclauonie* de *l'Albanie*.

PARTIE II

I. Canal de Cataro.
2. Antiuari.
3. Lac.
4. Scutari.
5. Croye.
6. Dulcigno.
7. Golfe de Ludrin.
8. Durazo.

La Prouince d'*Albanie* est grande & fertille, principa- *Albanie.*
lement vers le Septentrion le peuple en est fort belliqueux
ayant monstré ses principales valeurs soub la conduicte de
ce grãd *Scanderberg* qui deffit *Amurat* Empereur des *Turcs* *Scander-*
vingt & deux fois, en autant de batailles rangées. Leur lan- *berg.*
gue est differente de l'*Esclauone* & *Grecque* : Mais leur
façon de faire est semblable a celle des *Scythes*, desquels
ils tirent leurs origine.

B ij

Les

12

Les lieux principaux de ceſte contrée ſont les Villes de
Duraz & Valone. Duraz que les Anciens appelloient Dir-
rachium ou Epidaurum eſtoit fort renommé autres-fois à
cauſe de ſon port & pour cela frequenté des Romains. Ci-
ceron en parle en ſes Epiſtres côme d'vne ville qui luy auoit
teſmoigné beaucoup d'amitie pendant ſon exil. Mais elle
n'eſt point auiourd'huy en ſemblable ſplendeur eſtant reduicte a vne petite eſtendue, toute ſa fortification n'eſtant
que de quelques Tours faictes a l'antique entre leſquelles &
du coſté de la terre, y en à vne groſſe & carrée qui commande a toutes les autres Les Turcs ne laiſſent pas dy tenir garniſon ordinaire comme en place frontiere.

De la nous tiraſmes a Valonne apellée anciennement
Aulorum Nauale, qui eſt aſſez cognue en Turquie a cauſe
de la beauté & grandeur de ſon port, qui neſt deffendu que
d'vne forte Tour garnie de bon nombre d'artillerie. Et encor que ce ſoit le lieu ou le grand Seigneur à fait ſouuent aſ-
ſembler ſes armes Nauales, ſi eſt ce que d'ordinaire il ſert
auſſi de retraicte aux Corſaires.

Quittant ce pays nous entraſmes en la Mer Ionique, laquelle s'eſtend de Duraz en Candie. Pline la deuiſe en Mer
Cretique, & Sicilienne. La premiere Iſle, que nous deſcouuriſmes, fuſt celle de Corfou, tât celebrée par Homere, a cauſe
de ſes Iardins. Son nom ancien eſt Corcyra ou Phœacia, auiourd'huy elle eſt aux Venitiens, qui y tiennent fort bonne
garde, a cauſe quelle deffend l'entrée de leur Mer, y ayant
deux bons chaſteaux, le vieux & le neuf, & vne autre bonne
fortereſſe. A main droicte de la Cité il y à vne bonne

fontaine

fontaine qui s'appelle *Cardachie*. Le tour de l'Isle contient six vingtz mil, & la plus grande longueur est soixante. Sa forme ou figure est comme vn arc renuersé, ayant le territoire peu fertil pour sa seicheresse, il produict neautmoins, des Citrons, Oranges, Cire, Miel & plusieurs simples medicinaux, à cause de la bonne temperature de l'air. Ie vous fay veoir le pourtraict des deux forteresses.

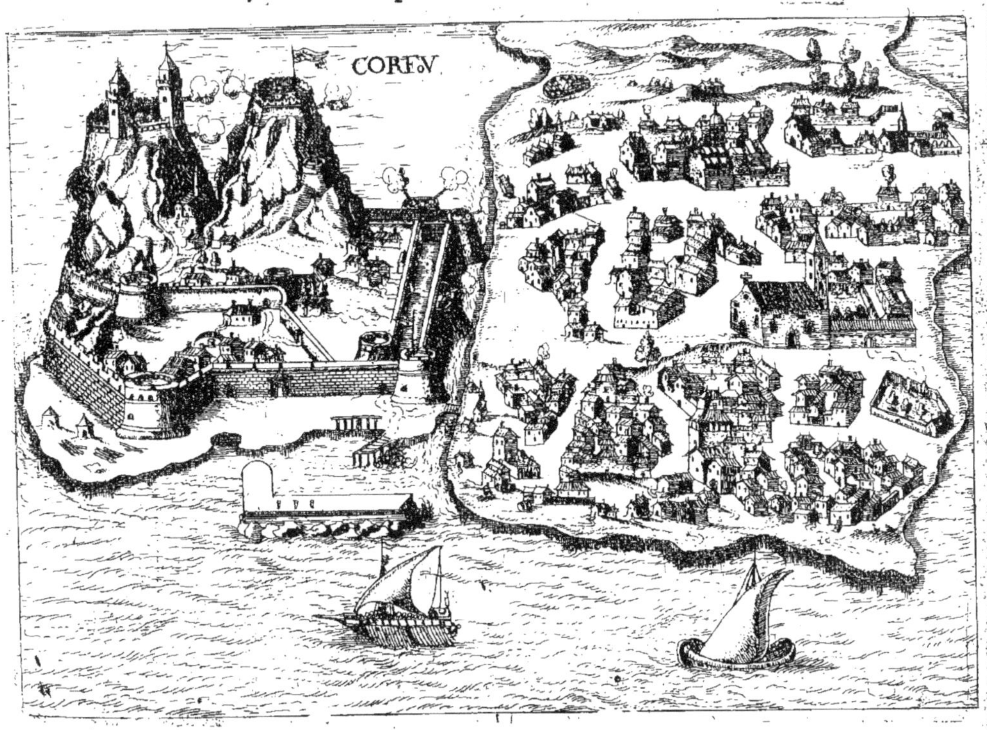

A l'entour de Corfou il y à quantité de petites Isles, & tirant en terre ferme du costé de la Tramontane, se trouue Sancta Maura, appellée par les Anciens *Nicadia* iadis penin-

L'Isle de s. Maura

peninſule, mais depuis coupée de la montagne par les habi-
tans auec vn petit foſſé, côioincte neautmoins par vn pont
pres duquel il y a vne bonne ville habitée par la plus part des
Iuifs, qni furent receus par *BaiaZet*, ſecond Roy des Turcs,
apres qu'ils furent chaſſés *d'Arragon* par le Roy *Ferdinand*
Il y à vn bon port tourné au leuant, mais pas trop ſeur de la
Tramontane. A main gauche de la montagne, ſe voit vne
Cité ruinée au derriere de laquelle eſtoit vn temple dedié à
Apollon. Ceſte Iſle auec les regions voiſines vous eſt icy
repreſentée.

1. *Golfe*

Passé ceste Isle, se trouue celle de *Compar*, appellée an-
ciénement *Ithaca*, demeure *d'Vlißes*. Il ny a rien de remarquable en icelle, sinon, qu'a son milieu il y a vne plaine auec
quelques petites maisons. Elle est au reste toutte montai-
gneuse, & neautmoins fort comode pour les Mariniers à
cause des bons ports qui y sont. Par apres celle de *Cephalonie*,
qui a de circuit cent soixante mil selon le vulgaire. Mais
Strabon la faict de sept cens & septante, & Pline de trois cés
six. Elle à la partie qui regarde l'Orient toute bordée de
montaignes, entre lesquelles, il s'en veoit vne forte haulte,
ou estoit anciennement vn temple dedié à *Iupiter*. Dessoubs terre l'on y trouue quantité de Medalles, & le dessus
produict Huiles, Manne, Raisins & Figues, & y à outre tout
cela vne espece de bestes, qui portent de la laine comme les moutons. Contemplez vn peu la topographie de
l'Isle de Cephalonie.

Isle de
Compar.

1. Fochi.	6. Corto.	11. Cap de Placha.
2. P. Viscardo.	7. Argostoli.	12. Escocilles.
3. Tolissi.	8. Paligi.	13. S. Marie.
4. Cap de S. Sioluo.	9. Ville de Zapalonie.	14. La Biancha.
5. Vardiani.	10. S. France.	

Isles de Cazolari. Plus auant sont les Isles de *Corzolary*, appellées autresfois *Letymadi* lieu renommé, pour ceste tant celebrée victoire, obtenue de la saincte ligue contre les infideles, l'An Mil cinq cens septante & vn, le huictiesme Octobre en la *Bataille de lepate* *bataille de Lepanto.* Ie vous descrirois volõtiers le succés de ceste si signalée victoire, mais ie me contenteray de vous faire

faire veoir les deffeins du golfe aupres duquel elle fut dõnée

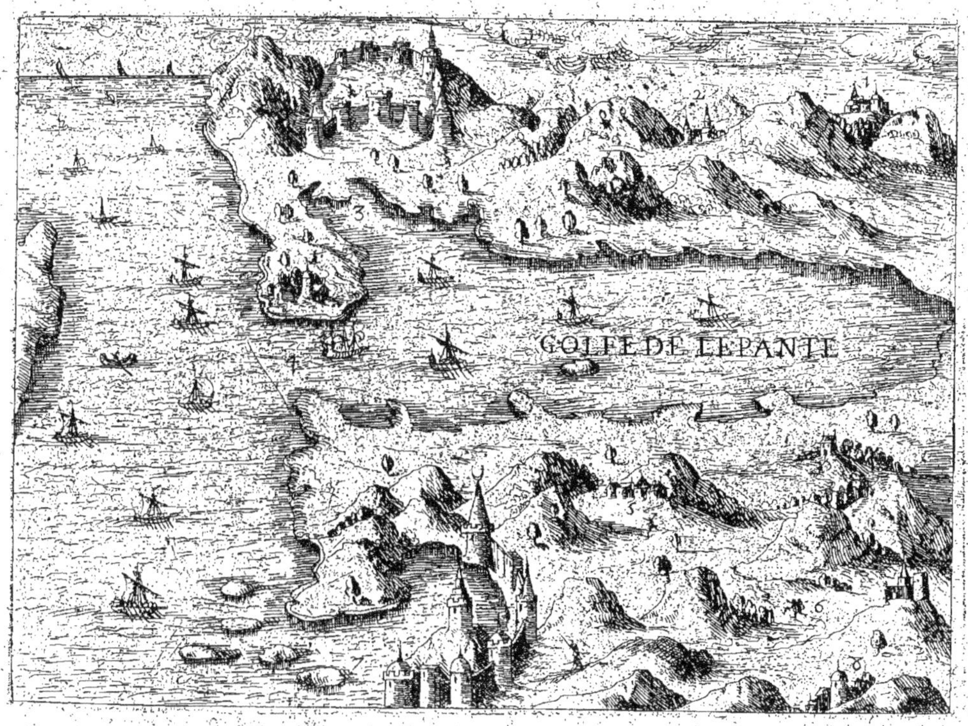

1. *Vedreniza.*   4. *Golfe de Lepante.*   7. *Patraffe.*
2. *Labina.*   5. *Voftica.*   8. *Calarda.*
3. *Lepante.*   6. *Nio.*

Continuant noftre voyage. nous paffafmes deuant la bouche du Golfe de *Lepante*, qui eft entre *Cephalonie* & *Zante*. Cefte Ifle s'appelloit anciennement *Zacynthus* & *Hiria*, ayant foixante mil de tour.   Son affiete eft montaigneufe, vers le Leuant, mais plus plaifante vers la Tramontane, ou l'on veoit des terres fertiles, & de bon pafturage, fon reuenu confifte, principalement en Raifins, Huiles & Vins. La ville Capitale s'appelle pareillement *Zante*, le tout

Ifle de Zante.

C

de la

de la domination des *Venitiens*. Elle patist fort souuent des
tremblements de terre, & veoit on pour ceste cause la Ville
a demy ruinée, n'osant esleuer leurs maisons pour ceste incommodité.   Voicy le dessein de toute l'Isle.

1. *Les Salines.*	4. *La Mati.*	7. *S. Maria de Piscopo.*
2. *Cap de Lasnicho.*	5. *Ville de Zante.*	8. *Port Peloso.*
3. *Port de Natta.*	6. *Lac de Pegola.*	9. *Port de S. Nicolas.*

Plus outre nous veismes du costé de la *Morée*, (qui est vne
presqu'Isle, & appellée du passé *Peloponese*) plusieurs Isles
entre lesquelles est la *Sapience* dicte des anciens, *Stagia*, ou
Stageria, auec fort bons ports, du costé de la Tramontane,
d'ou a cause de quelques vaisseaux anglois qui nous suiuoiët
craignants

E'Isle de
Sapience

craignants qu'ils ne fussent *Corsaires*, auec ce que le vét nous
estoit vn peu contraire, nous reculasmes a vn port nommé
Nauarin. Cetuy-cy est vn des plus beaux ports & des meilleurs qui se puisse veoir, ayant vingt mil de tour, & tout en-
uirone de montaignes, capable de loger cómodemēt vne
armée nauale, Il y a deux chasteaux, qui le deffendēt l'vn est
le vieux *Nauarin*, sur vne haulte montaigne, qui fut assiegé
de la S. Ligue, en l'an 1572. & tient vne autre entrée du port,
que depuis ce temps là a esté bouché en telle sorte, qu'a present il n'y scauroit passer qu'vne petite barque à la fois, Mais
sur la grāde entrée, plusieurs grands vaisseaux peuuent passer de front. Les *Turcs* y ont faict vn lieu fort, d'vn chasteau
& d'vne petite ville de guerre, sur le panchant d'vne coline,
estant les plattes formes, & les Tours bien deffendues, &
chargées de pieces de Canon, y ayant tousiours bonne garde a cause du voisinage des *Chrestiens*.

Le vingtiesme de Nouembre iour de S. *Cicile* nous eusmes dedans ce Port, tant de pluye, tonerre, gresle, & esclairs,
que c'estoit chose espouuentable, & encor que nous fussiōs
bien asseurez, nóz Mariniers ne laisserent a se mettre en
priere & inuoquer les Sainéts. Quelques temps apres *Sainct
Elme* parut sur le plus hault de l'arbre, en forme de trois petites estoilles esclairantes comme chandelle. Aussi tost les
Mariniers commencerent à rendre graces de ce bon augu-
re, car ils croyent fermement que c'est bonheur aux voya-
geurs lors que ce feu apparoist, n'arriuant iamais que sur la
fin de la tempeste. Mais par ce que la *Moree*, contient plusieurs places icy mentionnées, ie vous en ay faict dessaigner
la Corographie en cest endroit.

1. *Cap de Figalo.*
2. *S. Maura.*
3. *Cucolari.*
4. *Peschere.*
5. *Latraßo.*
6. *Diluchio.*
7. *Prodono.*
8. *Modon.*
9. *Sapienſa.*
10. *Cap de Matapan.*
11. *Golfe de Lepante.*
12. *Arcadie.*
13. *Athene.*
14. *Macroniſſi.*
15. *Cap des Collones.*
16. *Albara.*
17. *Golfe de Legina.*
18. *Dragoniſi.*
19. *Bella Pola.*
20. *Antimilo.*
21. *Cerigo.*

La Ville de Modõ — Le l'endemain ayant le temps propre nous fiſmes voile & paſſaſmes à la veue de la ville de *Modon*, qui paroiſt fort belle & grande. Elle fut anciennement appellée *Methone* & eſt auiourd'huy la demeure du *Sãgiac de Morée*, que les *Turcs* nomment auſſi *Morabegi.* Son reuenu & appointement annuel eſt de 700. mil aſpres qui ſont 14. *mil eſcus.*

escus.   C'eſt vn des plus puiſſants & auctoriſés d'entre les
Sangiacs : car au premier mandemét du *Beglerbey de Grece,*
il fourniſt mil Caualliers, qu'il nourriſt & entretient a ſes
deſpens. Coſtoyant touſiours la *Moree* (pays fertil & abondant en quantité de ſoye, cire, grains, vins, excellens cuirs,
& autres choſes.) Nous laiſſaſmes *Napoli en Romanie*,   *Napoli*
qui eſt vne Ville grande & importante, & paſſant au *Cap de*   *en Roma-*
Matapan, pres du bras de *Maëna*, nous tiraſmes vers   *nie.*
Cerigo. Ie vous donnerois volontiers les deſſeins de toutes
les places que iay veu, mais comme ne ſe pouuant touſiours
retrouuer, vous vous contenterez de celuy de *Modon,* qui
merite bien pour ſa beauté d'eſtre vn peu conſideré.

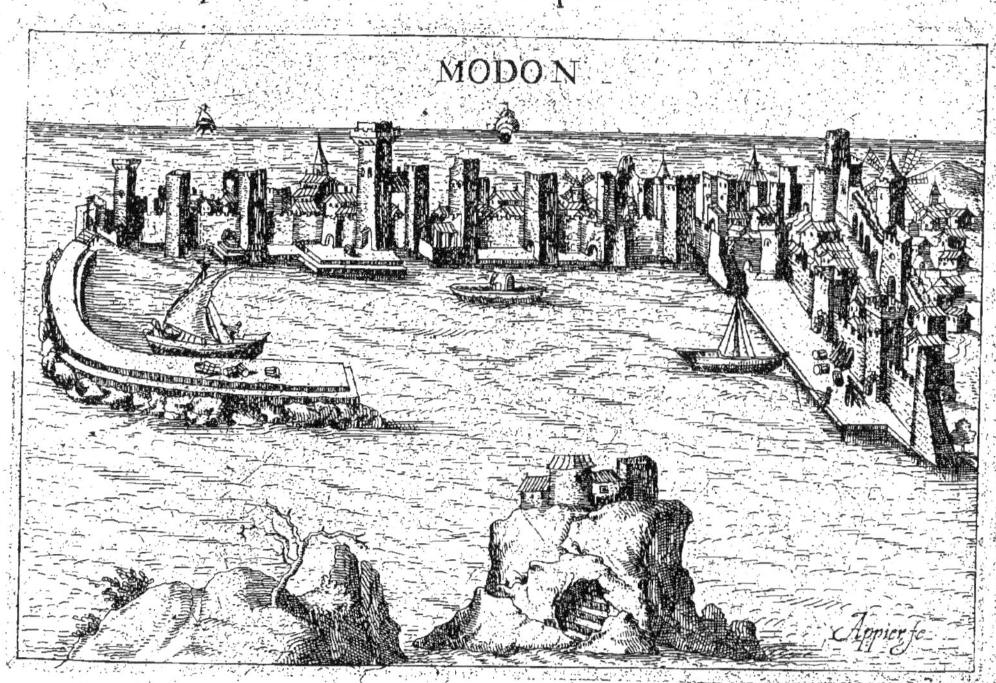

Le vingt cinquiesme de Nouembre iour de *Saincte Ca-therine* nous eusmes vn vent fort fauorable a nostre chemin mais la nuict fort obscure, & ayant peur d'vn vaisseau, qui nous auoit costoyé tout le iour, & costoyoit encor, nous nous estions preparés a combatre, bien que ce vaisseau fust trois fois plus grand que le nostre, & que nous fussions bien mal fournis de pieces de Canon.   Mais l'obscurité de la nuict & l'estonnement du *Patron*, furent cause que nous perdismes nostre chemin, prenāt au lieu de la main droicte la main gauche; Outre cela, il ne s'en fallut que deux fois la longueur de nostre vaisseau, que nous n'allassiōs chocquer

Isle de Ca-briere. vne petite Isle nommée *Cabriere*, qui est fort pres de terre, & n'eust esté le cri d'vn Marinier qui l'apperceut nous estiōs perduz. Aussi le *Patron* fist abbatre les voiles, & tourner le vaisseau tellement que nous reprismes le chemin de *Cerigo.*

Isle de Ce-rigo. Ceste Isle, (appellée des Anciens *Scotera* & *Porphyris*, à cause de la beauté des marbres & porphyres qui y sont & & *Æquilea* par *Pline*) merite bien que nous y arrestions vn peu; puis que c'est icy, que *Heleine* fut rauie, & que la Deesse

Demeure de Venus. *Venus*, eust sa premiere demeure, lors qu'elle y fust née, à cause dequoy, elle fust des Anciens surnommée *Cytherinne*. Pour y auoir eu par autresfois vne Ville appellée *Cythera*, de laquelle on veoit encor quelques ruines, auec celle du Temple de ladicte Deesse, ce lieu est enuironné de quantité d'escueilz. Arrestes vous aussi vn peu pour contempler l'assiette & pourtraict de toutte l'Isle.

1. *Cap du Maine.*	6. *Cap de Spati.*	11. *Gauerna.*
2. *Port de Tine.*	7. *Cap Long.*	12. *Proaci Chea.*
3. *S. Nicolo.*	8. *Aſſo.*	13. *Cerigo.*
4. *Sedro.*	9. *Port Daufin.*	14. *Tiniure.*
5. *Iſle de Ceria.*	10. *Golfe du Treſor.*	15. *Citero.*

Ayant laiſſé *Cerigo* derriere enuiron de vingt cinq ou trẽt mil nous euſmes vent contraire, mais nous ne relachaſmes point qu'aupres de *Maluefia.* Ceſt vne forterefſe ſur vne pe tite montaigne appartenante aux *Turcs*, y ayant toutesfois touſiours bon nombre de *Chreſtiens* qui y trafficquét, le lieu abondant en bonté de vin, quantité de pain, chair, eau & au tres choſes neceſſaires. Icy nous eſtions reſolus de nous re fraichir, n'euſt eſté vn bon vent qui nous feiſt changer de

Fort de Maluefia

deſſeing,nous faiſant reprendre noſtre routte,d'ou nous tiraſmes vers l'Iſle de *Millo*,appellée des anciens diuerſemét
Ariſtote la nommée *Meleda*,pour la quantité de miel qui ſi
treuue, Calimacus *Mimalida*, Erachius *Simphina*, pour la
quantité de ſoulphre,que l'eau de la marine y apporte,auſſi
s'appelloit elle *Melos*,& *Zephira*.Auiourd'huy *Millo* à cauſe
que de tous coſtez il s'y trouue des pierres de moulins,& outre cela certaines pierres deſquelles diſtilét dés eaux qui gue
riſſent de pluſieurs maladies & infirmitez.Il y a vn port de ce
coſté la nõmé *Belonne*,tirant au ponant tout enuironné deſ-
cueils,& de petites Iſles. voicy côme eſt faite celle de *Millo*.

1. *Antimilo.*	9. *Bonibarla.*	17. *Mido.*
2. *Prasonisi.*	10. *Enburio.*	18. *Acraries.*
3. *di Prese.*	11. *Grotte.*	19. *Argentina.*
4. *S. Dominic.*	12. *S. Elie.*	20. *Sorzidor.*
5. *Peteni.*	13. *Les Salines.*	21. *Polonia.*
6. *Pointe de S. Basil.*	14. *S. Basile.*	22. *Polino.*
7. *Reinpi.*	15. *Chasteau de dessus.*	23. *Atili.*
8. *Pisinada.*	16. *Baius.*	

De la nous tirasmes vers l'Isle de *Tines*, appellée d'A- **Isle de Tines.**
ristote *Idrusa*, de Demosthene *Echina* & *Erusa*, qui faict vn
destroict. Auprés de laquelle il y a vne autre Isle nommée
Schola, d'ou les habitans iadis aprés auoir gaigné quelque **Isle de Schola.**
victoire s'en alloient auec leurs voisins retirer dedans les
bois de *Tines*, pour sacrifier en vn Temple de *Neptune*, **Temple de Neptune.**
pour lors sur pied & fort celebre, ou chascun estoit bien
traicté & logé sans qu'il luy en coustat rien. Continuant
nostre voyage & ayant passé deuant plusieurs Isles, nous
arriuasmes a Chio, de laquelle ie ne veux point parler que
premierement vous n'ayés veu s la figure de l'Isle de Tines.
en la page suyuante.

L'Isle de Chio, qui a donné naissance a plusieurs hômes **Isle de Chio.**
Illustres comme a *Taquius* & *Teopompe* Historiens, a *The-*
ocrite Sophiste, & selon aucuns a *Homere*, a cause de la sepul- **Sepulchre d'homere**
ture qui est a huict mil de la Ville. Elle s'appelloit ancien- **Situatio de Chio**
nement *Etolia* & *Chios*. Elle est a l'opposite de la *Natolie*,
partie de l'*Asie mineure*, appellée autresfois *Eolida*, distante
dicelle seulement de dix mil. Et a de tour cét vingt quatre
mils, abondant & fertile en toute sorte de biens, nomme-
ment en grains & vins excellens, huiles, oranges, citrons,
mastic & terebentine. Des *Oranges* il y en a si grand nombre que l'on en presse le jus dedans des tonneaux qu'on

1. *Capretti.* | 2. *Port de Tine.* | 3. *Ville de Tine.*

Qantité d'Orages

enuoyé puis apres à *Constantinople*, & autres lieux pour mettre auec leurs viandes côme nous vsons du verius par deça.

Le Ma-stic croit' icy.

Seule de touttes produict le *Mastic* : & les arbres qui le portent sont au long de la marine fort petitz, & bas de terre ayant la fueille comme buys ou lentisque. L'on les taille treize
fois l'an pres du tronc, pour en faire distiller ledict Mastic,
qui sort comme des larmes. L'on taille pareillement daul-

Terebentine.

tres arbres, qui produisent la *Terebentine*, & tient on, qu'elle
ne se trouue en nulle part que la mesmes, & aux Indes, ou il
croist

croiſt de ces deux ſuſdictes eſpeces, il y croit auſſi ſur des
haulz arbres certains fruictz, en forme de febues en eſcor-
ces nômés en Italien *Caroubie*, & en Grec *Oudorinne*, & d'aultres arbres nommez *Viſques*, qui portent la glu, dont le fru-
ict eſt en forme de groſſes *Capes*. Au reſt toute l'Iſle a de bôs
ports, en pluſieurs endroictz, mais celuy de *Delphino* eſt le
meilleur, & plus aſſeuré que celuy de la ville, lequel eſt vn
peu incommode pour eſtre trop eſtroict, & vn peu decou-
uert. Les grandz vaiſſeaux n'y oſent entrer par vng grand
vent, meſme le noſtre, qui eſtoit petit eſtant combatu d'vn
grand vent faillit a ſe perdre, noſtre timon touchant quelque temps ſur vn petit mur a fleur d'eaue, qu'on a faict pour
conſeruer le port, au milieu duquel y a vne tour de fanal. La
ville s'appelle comme l'Iſle, & a eſté par aultrefois aux *Juſti-*
nians, Gentilzhommes *Geneuvis*, qui l'auoyent achapté de
leur Republicque, & depuis leur fut oſtée par l'Empereur
Selin, y à enuiron trente neuf ans, l'on veoit encor pluſieurs
maiſons dedãs la ville, ou les armes deſdits gentilzhommes
ſont demeurées. Il y à enuiron ſix ans que les *Florentins*, ſur-
prindrent le chaſteau qu'ils tindrent vne nuict entiere,
mais le iour arriuant ilz furent chaſſez & repouſſez, cela eſt
cauſe que depuis ce temps, ils ne veulent permetre, qu'aucuns *Chreſtiens* y logent. Encor que *l'Eueſque des Franc-*
ques, n'a laiſſé d'aller celebrer la Meſſe à ſon Eueſché
qui eſt dans la ville, en laquelle il y a dauantage vn certain lieu, ou tous pauures *Chreſtiens* & paſſagers peuuent loger trois iours & trois nuictz ſans qu'il leur
en couſte rien. Pres du foſſé ſont les ſepultures

des *Turcs*,qu'ils ornent de grandes pierres,& banderolles
ayans mis a ceux qui meurent a la susdicte entreprise vne
marque noire, les estimãs comme saincts. Au reste il y a vne
extreme quantité de *Perdrix* en ceste Isle & si appriuoi-
sees,qu'elles courrent au grains & past qu'on leur iette cõme les Poulles,dela s'en retournent & promennent ou bon
leur semble,recognoissant touttes leurs Maistres en particulier. Nous arresterons icy le discours de Chio,pour vous
en monstrer le dessein.

Abondã-
ce de Per-
drix.

1. *Fonte Nao.*   4. *Cap de Mastic.*   7. *Port Dauphin.*
2. *Valizo.*   5. *S. Mastic.*   8. *Le Pasazo.*
3. *Antornista.*   6. *Moulins a vent.*   9. *Cardanela.*

                                                      10. *Pino*

10. *Pino.*	13. *S. Helie.*	16. *Pigri.*
11. *S. Ange.*	14. *S. George.*	
12. *Heluas.*	15. *Poligno.*	

Ayant seiourné huict iours a *Chio*, nous en partismes vers le tard, auec vn grand vent, tellement qu'en peu de temps nous feismes beaucoup de chemin aprochant iusques a *Troye.* Mais vn vent contraire s'esleuant nous fist retourner bien loing, nous promenant à l'étour d'vne Isle, & eusmes toute la nuict vne si forte tourmante qu'à chasque coup, les valgues passoient nostre vaisseau, & le vent si impetueux, que nous n'osions tenir qu'vne petite part de la voille du *Maistre.* Nostre vaisseau neantmoins panchoit si fort, qu'à tout moment nous croyions tresbucher, mesme nous perdismes la petite barque attachée au basteau qui s'emplit d'eau & enfondra. Les Mariniers ayant quasi perdu le courage n'auoyent autre recours qu'aux prieres, & attribuoient la cause de ce grand danger à ce que nous estions partis vn iour si venerable, dedié a *S. Nicolas* Patron des Mariniers. A la fin le poinct du iour arriuant, auec la fin du mauuais vent, nous croyons estre reculez iusques au Port *Delphino,* nommé cy dessus. Mais reprenant nostre chemin nous recogneusmes estre seulement à l'endroict de *Metelin,* Isle appellée anciennement *Ila Passagia,* & Mitilene, patrie de plusieurs hommes illustres, nommémét de *Pittatus* vn des sept Sages de *Grece,* du Musicien *Arion, Dalces, Theofraste, & Fania Philosophes Peripateticiens* amis d'*Aristote.* Cest Isle a deux Ports bien bons, l'vn fort profond, & capable de cinquante gros vaisseaux, l'autre du costé du Leuant fort asseuré, pour estre deffendu d'vne petite Isle qui est à l'opposite. il ne tiendra qu'à vous de veoir tout cela en la suiuante page.

Troye la grande.

Tempeste

Isle de Metelin.

Ports de Metelin.

1.	*Molrio.*	7.	*Golfe de Calona.*	13.	*Golfe de Lichremadia.*
2.	*Le Segre.*	8.	*Ruines.*	14.	*Ville de Metelin.*
3.	*Calona Vasilio.*	9.	*Tesbo.*	15.	*Sitrio Premontoir.*
4.	*Manlia.*	10.	*Polimedi.*	16.	*Sainct Teodor.*
5.	*Petra.*	11.	*Asso.*	17.	*Casso.*
6.	*Sirio.*	12.	*Antiques.*		

Situatiõ de laVille de Troye.   Peu de temps apres ayant le vent en poupe, nous arriuasmes à la poincte de la terre, ou estoit situeé ceste tant renõmée & à iamais memorable ville de *Troye la grande*, assiegeé l'espace de dix Ans, & en fin prise & brusleé par les *Lacedemoniens*, & les *Grecs*, elle estoit sur le bord de la Mer, ou l'on voit encor quelques vestiges, côtenant en sa longueur vingt cinq mils, si superbe & si magnifique, que iamais elle n'eust neuſt ſa pareille. Qui en vouldra ſçauoir d'auantage, liſe *Homere*, & *Virgile*, qui en ont faict des liures entiers. A voir ſa ſituation ceſt la plus agreable & plaiſante Colline que nous ayons veu en noſtre voyage: le Port en eſt encor aſſez bon & aſſeuré appellé *Siché*, & pres de lá, paſſe le fleuue de *Xantus*, & vis à vis de la eſt l'Iſle de *Tenedos*, auſſi fort congnüe par les hiſtoires, le dedans eſt tout de marbre, & y à vne belle Ville & vn fort bon port, ou ſeiournent touſiours quelque vaiſſeaux paſſagers. Du temps des Rois de Troye Laomedon & Priam elle eſtoit comble de touttes richeſſes, mais au ſiege de Troye elle fut ruinée. Voyez ſeullemãt la delineatiõ.

L'Iſle de Tenedos.

1. Port

1. *Port Premontpir.*	3. *Cap de pointe dure.*	5. *Port Treo.*
2. *Ville de Tenedo.*	4. *Port de Troye.*	6. *Troie.*

Laiſſant ladicte Iſle à main gauche a quinze mils plus
auant, nous entraſmes dedans le Canal de *Conſtantinople,*
appellée anciennement *l'Helleſpont,* qui n'a pas deux mil
de large, à l'entrée ayant *l'Europe* d'vn coſte, & *l'Aſie* de
l'autre. Et paſſant encor 75. mil plus auant nous fuſmes
entre deux chaſteaux auſſi fort celebres, dôt l'vn s'appelloit
anciennement *Abide,* aſſis en vne belle pleine du coſte
de *l'Aſie,* bien garny de Canons, qui deffendent la Mer à
fleur d'eau, & au milieu d'iceluy vne Tour quarrée, qui deſcouure toute la marine, le tout de muraille ſans terraſſe ny
foſſe. L'autre eſt du coſte de *l'Europe* en *Grece,* nommée des Hyſtoriens *Seſto,* aſſis ſur le pendant d'vne montaigne quaſi ſemblable à l'autre, mais pas ſi fort, & toutesfois
auſſi bié muny d'artillerie; il n'y a que la portée d'vn Canon
entre deux, auquel eſpace de Mer fut noyé l'amoureux, in-
fortuné Leandre, paſſant à nage comme il auoit accouſtu-
mé pour veoir ſa Maiſtreſſe Hero, qui ſe tenoit en Seſte, &
luy en Abide. Et affin que le curieux Lecteur puiſſe conten-
ter ſa veue, i'ay faict mettre en ce lieu le pourtraict des deux
Chaſteaus, en deux diuerſes tables,

ABIDE

I. *Mosquée.*　　　| 2. *Bourque.*　　　| 3. *Detroy.*

E　　　SESTO

1. *Detroy de Conſtãtinople.* | 2. *Moſquée Borgeſana.* | 3. *Le Bourque.*

Ce ſoir qui eſtoit le 8ᵉ. Decembre nous arriuaſmes a cinq
mils par dela leſdicts chaſteaux au Port de *Nacara*, à l'oppoſite de *Maito*, mais non ſans grand hazard: car nous failliſ-
mes deſchouer ſur vn banc de ſable, a ſept mils de la. Noûs
ſeiournaſmes audict Port iuſques au 23. du meſmes mois, &
partiſmes auec aſſez bon vẽt, & tirez par deux *Galleres Tur-*
queſques qui venoyent de l'armée; iuſque a ce qu'approchãt
Galipoli le vent ſe tourna contre nous, mais pour noſtre
bon heure nous trouuaſmes le reſte de l'armée, qui nous
donna encor deux galleres, tellement qu'arriuaſmes d'aſſez
                                                    bonne

bonne heure au Port de *Galipoli*, qui n'eſt pas trop ſeur eſtant incommodé de la Tramontane.

Ceſte Ville fuſt la premiere que les *Turcs* prindrent en l'Europe, quand *Amurat* premier paſſa auec ſes ſoldats le deſtroiĉt, l'An 1 3 6 3. ſur deux Naues Geneuoiſes, en payãt pour le paſſage aux infidels Patrons, vn zequin pour teſte. Elle eſt baſtie ſur des petites montaignes, & non autremẽt forte. Vis à vis de la en *Aſie*, y à vn fort bon port nommé *Cardera*, aſſeuré de tous vents, & beaucoup meilleur, que celuy de *Galipoli*.   Ayant en fin ſeiourné en ladiĉte Ville le iour de *Noel* & ſes feſtes, voyant le temps mal aſſeuré nous quitaſmes noſtre vaiſſeau & mõtaſmes ſur vne de ces Galeres, paſſaſmes le Golfe de *Marmorat*, & allaſmes mouiller l'ancre audiĉt lieu. Le lendemain nous nous ad-uancaſmes ſeulement de dix mils à cauſe du mauuais temps qui nous fiſt encor ſeiourner 4. ou 5. iours, apres leſquels nous nous haſardaſmes pour arriuer aux *Isles rouges*, à ſix mils de *Conſtantinople*, ou nous ſeiournaſmes iuſques a ce que *Monſieur de Treues* Ambaſſadeur lors pour le Roy, ad-uerty de noſtre arriuée vint le lendemain matin prendre luy meſme *Monſieur de Salignac* & ſa compagnie auec deux Galleres du grand Seigneur, ſur leſquelles nous entraſmes en *Conſtantinople* le dixieſme de Ianuier 1 6 0 5. tirans force coup de Canons a l'entrée du Port. Et ce pendãt que la fumée s'en euaporera nous metrons fin a ceſte premiere partie pour cõmencer l'autre par la deſcription de ceſte Ville.

* * * *
* * *

E   ij

Ville de
Galipoli
prinſe des
Turcs.

Port de
Cardera.

Golfe de
Marmo-
rat.

DEVXIESME
PARTIE.

LA Ville de *Conſtantinople* fuſt baſtie premie- *Deſcrip-*
rement par *Pauſanias* Roy des *Parthes*, en l'an *tion de la*
apres la creation du Monde *Quattre Mils cinq* *Ville de Conſtan-*
cens trente ſix; Et auant Noſtre Seigneur *Six cẽs* *tinople.*
ſeptante, & appellée *ByZantium.* Laquelle eſtant ſi grande,
& ſi congueue, merite bien que nous donnions a elle
ſeulle vne partie de ce volume. Long temps apres *Con-* *Conſtătin*
ſtantin le grand premier Empereur Chreſtien & Fils de S. *le grand l'agrãdit.*
Heleine, tranſporta ſon ſiege en ce lieu, l'agrandiſt, l'embel-
liſt & fortifia de façon qu'elle ne cedoit rien à la grandeur
de *Rome,* & pour cela l'appella *nouuelle Rome,* mais apres
ſa mort elle fuſt de ſon nom appellée *Conſtantinople.*

Elle demeura fort long temps ſoubs la domination des
Empereurs Romains, iuſques à ce que l'Empire eſtant par-
tagé demeura aux *Grecs* ; Eſtant ceſte ville la Capitale de
l'Empire Oriental. A la fin vn Empereur de meſme nom
a celuy qui l'auoit agrandie, ſcauoir, *Conſtantin,* de la mai- *Vn autre*
ſon des *Palealogues,* fils d'vne autre *Heleine,* le perdiſt l'An *Conſtan- tin la per-*
de grace Noſtre Seigneur, *Mil quatre cens cinquante & dit.*
trois , eſtant emportée de force par *Mahomet ſecond*

Empereur

Empereur Turc. *Conſtantin* y perdant brauement la vie a la deffence d'icelle.

Apreſent ſiege des grãds Seigneurs. Depuis ledict temps elle a touſiours eſté la demeure des Ottomans, qui eſtoit premieremét a *Andrinople*, & l'appellent auiourd'huy *Stãboul*. Son aſſiette eſt en *Europe*, au pays *La ſituation.* appellé anciennement *Thrace*, & a preſent *Romelie*, ayant au Septentrion, le *Pont Euxin*, ou la *Mer noire*, au midy *L'archipelague*, partie de la Mer Mediteranée, & au leuant l'*Aſie*, eſtant ſeparée en ceſte endroict ſeulement d'vn canal large de deux mils, qui va d'vne mer a l'autre & ſert de Port a la Ville, qui eſt ſi cõmode, que quelque grand vaiſſeau que ce ſoit, peut aiſement deſcharger en terre contenant en ſa longueur ſix mils. Au reſte la ſituation de toute la Ville, eſt ſi belle, ſi agreable & en lieu ſi propre, qu'il ſemble, qu'elle ſoit faicte pour commander au reſte du monde, baſtie ſur le pendant d'vne coline, quaſi en forme d'vn triangle : le premier coſté eſtant au long du *Port* iuſques au *Serail*, le ſecond depuis ce lieu iuſques au chaſteau, ou l'on met des priſonniers, qui eſt appellé *les ſept tours* & ces deux coſtez ſont enuironnez de la Mer; le *Serail* faiſant la poincte. Et le troiſieſme eſt en terre ferme enuirõné de bonne double muraille, & de quelques tours, & d'vn foſſé au dehors qui ne *La grandeur.* vault guerre, contenante toute la ville enuiron ſeize mils de tour, donnante vne fort aggreable proſpectiue, tant a cauſe de la ſuſdicte aſſiette, que pour y auoir ſept colines, ſur chacune, deſquelles, on voit vne belle *Moſquée* que nous nõmerons cy apres. Mais entrons vn peu dedans la ville, affin que ie vous monſtre piece par piece, & ſelon l'ordre que ie l'ay veüe, tout ce qui eſt de remarquable.

Le

Le plus magnificque, ceſt le *Serail* demeure du *grand Sei-* *Le Serail.*
gneur, qui eſt aſſis à la poincte de la Ville, qui aduance ſur la
Mer, quaſi comme ſeparé du reſte ayãt quatre mils de tour;
du coſté de la Mer on deſcouure pluſieurs petites tournel-
les & des galleries ſouſtenues de piliers de marbre ou *le grãd*
Seigneur va s'eſbatre quelquefois.

Auant que paſſer plus outre a la deſcription de ce lieu; Ie *Receptiõ*
de l'Am-
baſſadeur
de Frãce.
vous raconteray la façon que *Monſieur de Salignac*, euſt ſa
premiere audience Lequel apres auoir baiſé les mains au
grãd Viſier (qui eſt celuy qui gouuerne tout l'eſtat) & *Mon-*
ſieur de Treues, qui eſtoit a la fin de ſon Ambaſſade, ayant receu pluſieurs preſents enuoyez de la part du grãd Seigneur
(ſcauoir quelques robes, eſtoffes & pieces de vaiſſelles d'argent, monterent vn iour tous deux a cheual accõpagnez de
20. gentils-Hommes, (dont ieſtois au nombre) tous veſtus a
la *Turque*, hormis que nous auions chaſcun vn bonnet de
velours noir; deuant marchoient quelques Turcs a cheual
enuironnés du *grand Viſier*, pour nous conduire, apres mar-
choiét 24. valets des Ambaſſadeurs, auec des longues robes
d'Eſcarlatte, puis les deux Meſſieurs ſurnommez, & nous
apres, nos valets nous ſuiuoyent derriere a pied. Marchant
en ceſte ordre nous entraſmes dedans le *Serail*, & arriués a
la premiere Cour a main gauche, nous viſmes comme vne
Moſquée, qui eſtoit anciennement vne Egliſe des Chreſtiés:
Mais auiourd'huy le grand Seigneur s'en ſert comme d'vn
petit Arſenac, y reſeruant les armes pour la deffence de ſa
maiſon. Plus hault il y a vne petite tour percée de cinquante ou ſoixante feneſtres, ou ſont diſtribuez les comman
demens du *grand Seigneur*, a main droicte ſont les *cuiſines*.

Sortant

Sortant de ceste Cour, nous entrasmes en vne autre,
faicte comme vn Cloistre, auec vne gallerie a l'entour, soustenue de piliers de marbre, & couuerte de plomb: en laquelle il y à vne fontaine a main gauche, ou quelquesfois le
grand Seigneur, faict decapiter, les plus grands de sa Cour,
quand ils ont mesfaict. De la nous entrasmes au *Diuant*,
qui est vne assez petite châbre, ou nous trouuasmes quatre
Visiers, assis sur leur sieges, ayât a la droicte le *Nißâgibachy*,
qui est autant que *Chancelier* assis sur vn siege separé des *Visiers*, & à leur main gauche deux *Cadilesquiers*, qui sont deux
grâd Iuges, l'vn de la *Natolie* & l'autre de la *Romelie*. Apres
ceux cy deux *Testerdars*, qui sont comme grands Thresoriers.   A vne autre chambre sont les *Tesleregi*, qui sont les
Greffiers des commandemens.

le thresor   Plus outre est le Thresor, pour payer ceux de la *Milice*,
mais retournons au Diuant, & acheuons noz ceremonies.
Le *Capigilarchiaiaci*, (qui est celuy qui chastie les Portiers
nommez *Capigi*) & le *Chiaia* du *Diuant* (qui est celuy qui
porte les nouuelles au *Grand Seigneur* de ce qui se passe en
ce lieu) portans tous deux des bastons d'argent, furent enuoyez par le *grand Visier*, pour amener les Ambassadeurs, &
les presenter deuant luy, ce qu'ayant faict, il leur fut apporté
à chascun vn siege. Alors l'Ambassadeur nouueau fist sa
harangue par le moyen de son interprete, & le *Visier*, ayant
faict sa response, l'on nous feist sortir & fusmes menés en
lieu separé pour disner, laissant les Ambassadeurs, ou ils
estoient qui y disnerent auec le *Bacha*. Aussi tost que le
Grand Seigneur, eust disné il passa par vne certaine chambre
nommée *Hezoda*, qui veut dire fauorite, pour donner
                                                            audience

audience aux *Vifiers*, cefte chãbre eft proche de la demeure des femmes , & ny a que *l'Empereur* qui en porte la clef luy mefme.

Le *Capiaga* chef des Eunuques, & *l'Afnadarbachi*, grãd Threforier dudiĉt Serail, qui font les deux plus grands de la maifon l'attendirent en cefte chambre, & le conduifirent iufques au *Tribunal*, qui eft dedans la troifiefme Cour. Noz Ambaffadeurs , ayant acheué de difner, fortirent dans la Cour & s'affirent deuant le *Diuant*, attendant qu'on les appellaft. Alors le grand Seigneur, eftant en fon Tribunal, cõme dit eft, fut faiĉt figne au *Janiffaire Aga* Colonnel de l'infanterie, qu'il s'aduãcat pour auoir fon audience, & l'ayãt eu s'en retourna en fa place, qui eft deffoubs la porte de la deuxiefme Cour. Les deux *Radilefquiers*, fuiuirent pour le mefme effeĉt & apres eux fes *Vifiers*, puis les Threforiers, & en fin les Ambaffadeurs, & nous autres entrafmes en la troifiefme Cour, & demeurafmes pres de la chambre du Tribunal.

L'audiéce des *Vifiers* finie, ils demeurerent neautmoins la dedans, & noz Ambaffadeurs entrerent en mefme temps l'vn apres l'autre, tenus par chafcun bras d'vn Capitaine de la porte, & firent la reuerence au *grand Seigneur*, & demeurerent auec fes *Vifiers* , puis apres les Capitaines nous vindrent prendre, les vns apres les autres pour faire femblablement la reuerence, & nous ramenerent auffi toft hors de fa chambre, au bout delaquelle il y auoit plufieurs *Eunuques*, de ceux qui ont les plus grandes charges du *Serail*. Toutes les reuerences finies, l'Ambaffadeur nouueau prefenta les lettres du *Roy de France*, & fift fon ambaffade auec fon Truchement. Et apres cela nous fortifmes tous du Serail, que

F

nous

nous laifferons derriere, pour entrer en vne belle *Mofquee*, qui eft aupres d'iceluy.

Eglife de
S. Sophie.

C'eftoit anciennement l'Eglife de *SainSte Sophie*, baftie par l'Empereur *Iuftinian*, & eftoit alors beaucoup plus grande, auec vne Abbayie qui s'eftendoit bien auant dedans la place, ou eft a prefent le *Serail* ; mais les *Turcs* deuenus Maiftres de la ville la ruinerent, n'en laiffant rien debout que le chœur, dont ils fe feruent pour temple. Elle eft ornée de plufieurs haultes & groffes Colomnes, biē rares, fcauoir huiĉt de Porphyre, feize de Serpentin, & quatre de marbre blanc; Et par deffus icelle vne belle gallerie pauée de marbre tranfparant & de plufieurs petites Colomnes de mar-

Les Turcs
refpectēt
la Vierge.

bre & de Serpentin. Entre autre il y a vne pierre de marbre, fur laquelle les *Turcs* croyent *Noftre Dame*, auoir laué les linges de *noftre Seigneur*, y portant pour cefte raifon vn grād refpeĉt. Car ils croyent *Iefus Chrift* auoir efté vn grād Prophete. Et eft deffendu entre eux de mefdire de la *Vierge Marie*, le refte de l'Eglife efte embelli de *Mofaique* ancienne, faiĉte du tēps *des Chreftiēs*: au fortir d'icelle fevoyét plufieurs *Cubees* qui font lieux faiĉts en forme de *Chapelles* couuertes en Dofmes, & toutes de marbre ou font enterrez les fils des *grāds Seigneurs*, lors que leur frere venāt à la dignité Imperiale, les font eftrāgler pour n'auoir point de cōpagnon.

Nombre
des Mof-
quées.

Les principales *Mofquées*, font celles qui font affizes fur les fept montaignes, fcauoir celle de *SainĉHe Sophie* fufdiĉte celle d'*Alli Baccha*, de *Sultan Baiacet*, de *Sultan Soliman*, de *Sultan Mehemet*, de *Sultan Selim*, & celle de *Selim* fils de *Soliman*, mais entre toutes, la plus fuperbe & la plus belle pour moderne eft celle de *Sultan Soliman*.

Ladiĉte

Ladicte Mofquée, a quatre grandes portes accompagnées
d'vn fort beau frontifpice, releue de marbre, & aux quatre
coings, quatre tours affez haultes, mais bien eftroictes, &
vne gallerie en hault qui va tout à l'entour, le dedans eft
blanchy auec quelques colomnes de marbre.

Deuant la principale porte de la Mofquée il y a vne grã- *Defcrip-*
de cour pauée de marbre enuirõnée d'vne gallerie & haul- *tion de la*
tes Colomnes de mefme eftoffe, & au milieu vne fort belle *Mofquée*
fontaine, la gallerie &le temple, couuerte tous trois de plõb *de Sultã*
chafcune *Mofquée*, a vn hõme, appelle des *Turcs Meßin,* *Soliman.*
qui va tous les iours cinq fois fur icelle chanter a la louan-
ge de Dieu, affin d'exciter les hommes a le prier ce qu'ils
font en fe tournant vers *Mecha*, lieu de la naiffance de *Ma-*
homet; La premiere fois c'eft au *Soleil leuãt*, la feconde au
Midy, la troifiefme au *Quindy*, qui font 3. heures apres midy, puis au *Soleil couché*, & a la derniere, a *2. heures de nuict.*

Le Vendredy ils crient vne fois dauantage, fcauoir à dix *Vẽdredy*
heures, pour faire venir le peuple a l'oraifon à la *Mofquée,* *fefte des*
leur eftant ce iour comme fefte, a caufe que *Mahomet* y *Turcs.*
nafquit, l'An de *Noftre Seigneur, fix cens vingt deux.*

Retournant vers *faincte Sophie*, ce veoit le logis de *L'af-*
nadar, duquel il peut aller deffoubs terre, & par eau doulce
neautmoins iufques dedans le *Serail.* Pres de la eft vn ancien *Hippo-*
Hippodrome nommé des *Turcs Admedan*, contenant cinq *drome.*
cens pas en fa longueur & cent en fa largeur, au milieu duquel y à vne efguille toute grauée de *Hierogliphiques*, non
pas du tout fi haulte que celle du *Populo* à Rome.

Plus auant y a *trois Sérpens de bronze* plus haults que deux *Figure de*
hommes, & entortillez enfemble, les *Turcs difent*, que par *trois Ser-*
pens.

autresfois trois venimeux Serpens perfecutans ceux de la
Ville, le peuple euft en fin recours aux prieres addreſſées au
Ciel, & par ce moyen deliurez de ces pernicieux animaux,
laiſſerent ceux cy pour memoire. En ceſte meſme place y à
auſſi vne fort belle colomne, d'œuure ruſticque, toutes les
pierres liées enſemble, ſans aucune chaux ny cimét, ayant au
dedans vn eſcaillier.

C'eſt en ceſte place que les Caualiers, s'exercent les vé-
dredis, & les autres iours de feſtes nommez *Beelan.*   Ils y
viennent à cheual, chacun vn baſton à la main en forme de
l'ance gaye, qu'ils appellent *Zagaye,* ayant faict des parties,
ſe les lancent les vns contre les autres.   En d'autres endroicts les Caualiers galopant à l'entour d'vne perche tirent de l'arc à vne boulle couppée qui eſt ſur icelle.

Careſmes   Les Turcs ont tous les Ans deux *Careſmes,* appellez en
des Turcs leur langue *Rainaſan,* vn chacun durant vne Lune.   Le
premier eſt à la Lune de Feburier, & l'autre a celle d'Apuril.
En ce temps, ils ne mangent ny boiuent tout le iour, mais
auſſi toſt que le *Meſſin,* a crié au Soleil couchãt, nulle ſorte de viande ne leur eſt deffendue, hors mis le pourceau, &
le vin, qui leur ſont interdicts pour touſiours.

Du vin ils n'en oſeroient boire chez eux, mais eſtant cõ-
uiez chez quelque Francs ou Grecs n'en font aucune difficulté, hors mis au iours deffendus auſquels s'ils en beuuoiét
on leur iecteroit du plomb fondu dedans la gorge. Au bout
de leur *Ramaſan,* ils ont touſiours leur *Beelan,* qui ſont
trois iours de feſtes, auſquels il nouurent point leur bou-
tiques.

Non guerre loing de *L'hippodrome,* il y à vn lieu appellé
                                                          Biſiſtain,

Bififtain, qui eſt comme le *Palais de Paris* ou ſe vendent les
pierreries, les orpheueries, & de plus de toutes ſortes de
drapsdeſoye, & auec cela les Eſclaues, Hõmes, Fémes, Filles,
Garçons, deſquels ils trafficquent comme de Cheuaux.

Dedans vn autre rue on veoit vne groſſe Colomne de
Porphyre, ſemée en pluſieurs endroicts de Cercles de fer,
d'vn autre coſté il y a vn autre Colomne, appellée hiſtoriale
fort haulte, toute de marbre, releuée en perſonnages cõme
celles de Rome, de *Sainct Pierre* & *Sainct Paul*, & au dedans vn eſcaillier, qui va iuſques en hault tout rompu, &
n'eſtoit quelques liens de fer, qui le tiennent, il couroit
grande fortune de tomber.

Dela nous allaſmes veoir vne fort belle place plus grãde
que celle de l'*Hippodrome*, particuliere aux *Ianiſſaires* toute
enuironnée de logis deſdicts Soldats, ou il s'exercent à tirer de l'arc, de l'arquebuſe, & autres choſes ſemblables.
Nous allaſmes auſſi veoir, l'ancien palais de *Conſtantin*, qui
n'eſt pas autrement beau, mais aſſis en bel air.

Ceſt aſſez parlé des *Turcs*, parlons a ceſte heure vn peu
des *Chreſtiens*, qui ſont en ceſte Ville auec autant de liberté
pour l'exercice de leur religion, comme au milieu de la
Chreſtienté, y ayant leur *Patriarche*, & deux Eſgliſes, l'vne
dediée à *Sainct Nicolas*, ou tous les iours on celebre la
Meſſe, a la *Romaine*, s'eſtant retiré des *Chreſtiens* de noſtre
creance de *Caffa*, ſur la mer noire, qui la font deſſeruir ; &
l'autre de *Noſtre Dame* ſurnommée de *Conſtantinople*, dont
on dict l'oraiſon a Rome: elle eſt petite & aſſez entiere.

En toute ceſte Ville ils n'vſent point de charoy ſe ſeruãt
d'*Armeniens*, comme de Faquins, pour porter tout ce qui

leur

Bififtain,
ou Palais

Place des
Ianiſſai-
res,

Paoriar-
che Chre-
ſtien.

Faquins
Arme-
niens.

leur eſt neceſſaire. Ceux cy ſont *Chreſtiẽs*, de croiance ſemblable aux *Grecs*, & ſubieⒸts des *Turcs*, au reſte la Ville eſt bitée la plus part de Iuifs, les *Turcs* ne faiſant que le tiers du peuple.

Voila ce qui eſt le plus remarquable dedãs la ville à ceſte heure, nous ſortirõs vn peu aux Faubourgs, & de la aux lieux circonuoiſins, pour veoir ce qu'il y à de beau.

Premierement, l'on veoit au bout de la Ville, de l'autre coſte du Port, pres des eaux doulces, la *Moſquee d'aioup Sultan*, en laquelle le *grand Seigneur* lors qu'il vient à ceſte ſouueraine dignite va prendre ſon eſpée, de l'autre coſte ſont les *Eſcuyeries*, auec quelque iardin du *grand Seigneur*, plus auant au bout du Port eſt l'*Arſenal*, auquel y a enuiron cent cinquãte Galleres, deſarmées hors de l'eau, & enuiron ſoixante dedans l'eau toutes preſtes. Plus auant y a vne place appellée *Topana*, ou il y a bon nombre d'artilleries deſmontées, quelques vnes tournées contre le Port.

Il n'eſt pas raiſonnable que nous laiſſions derriere vne petite Iſle de roche, qui eſt au bout du Canal deux mils dans la Mer noire, toute deſerte, mais remarquable, pour vne *Colomne* de marbre blanc, miſe au ſommet d'icelle par *Pompee* le grand, apres qu'il euſt deffaiⒸ *Mitridates*.

Retournant pres de *Conſtantinople* ſe treuue ſur le Canal de la meſme Mer deux tours, l'vne deça & l'autre de la, qui gardent ceſte emboucheure.

Ceſt icy que l'on met en priſon les *Cheualiers de Malte*, & d'autres *Chreſtiens* de qualite prins a la guerre.

D'icy a la Ville y a enuiron dix huiⒸt mils, & ſe voyent de part & d'autre quantite de maiſons de plaiſirs & de beaux

Iardins

Moſquée d'Aioup Sultan.

Arcenal.

Colõne de Pompée.

Iardins, puis vis à vis de la Ville & en *Europe* eſt la Ville de
Galata, auiourd'huy nommée *Pera*, ſituée entre *l'Arſenal*
en la place de *Topana*, ſuſdicte, & habitée la plus part de
Chreſtiens *Francs* & *Grecs*, y ayant les vns & les autres bon
nombre d'Egliſes: dont la plus belle, & de noſtre croiãce eſt
celle de *ſainct François* & outre icelle pluſieurs autres cõme de *ſaincte Marie*, *ſainct Iean*, *ſainct Anthoine*, *ſainct*
Benoiſt, *ſainct Pierre* & *ſaincte Anne*, toutes deſeruies a la
Romaine.

A l'entour de ce lieu y à pluſieurs maiſons & villages :
comme *Caſambacha*, *Beſictar*, & la demeure des Ambaſſadeurs, tant de *France*, que *d'Angleterre* & de *Veniſe*.

Plus loing & du meſme coſté eſt vn grand village, nõme *Scutar* qui appartenoit a la *Sultane* Mere de *Mahomet*,
qui y fiſt baſtir vne *Moſquee*, & de grand pris, & vne mai-
ſon fort grande & belle, ou tous paſſans, de quelque Religion qu'ils ſoient peuuent loger & ſont nourris trois iours
durant, telle ſorte de lieu eſt par eux appellé *Carua-*
ſerat.

Plus auant y a *Calcedoine* lieu, renommé pour le Conci-
le, qui y fuſt tenu, ou ſe veoit encore l'Eſgliſe, ou s'aſſem-
blerent les *Peres*, fort petite & deſſeruie par des *Preſtres*
Grecs, Iuſques icy ie vous ay faict vne briefue deſcription
d'vne ſi grande Ville a ceſte heure ie vous la feray veoir
pourtraicte au naturel en la ſuiuante planche

Mais il me semble qu'ayant dict tout ce qui est de beau,
dedans, dehors, & a l'entour de la Ville de *Constantinople* il
ne sera hors de propos premier qu'entrer en la troisiesme
partie, nous faissions icy vne succincte description de la
Cour & de l'Estat du *grand Seigneur*, tant de ceux qui ont
charge dedans son *Serail*, qui est le lieu où il demeure, que
de ceux qui en sont dehors.

DESCRIPTION DE LA
COVR DV ROY OTTOMAN
EN CONSTANTINOPLE.

PREMIER ORDRE.

CESTE Cour est dinstinguée en plusieurs seruiteurs, qui sont differens en seruice, & demeure. En la premiere demeure, qui s'appelle la petite chambre nommée *Inezulz*, il y a trois cens soixante garçons de dix iusques a vingt ans, donnez au *Roy* ou enuoyes par faueur qui ne font aucun seruice sinon qu'ils apprennent a lire & escrire des Maistres qui sont entretenus pour ceste mesme chabre: dans laquelle il y a deux sortes *d'Eunuques*, les vns qui ne sortent point la porte, & les autres, si lesquels sont deuises par toute la chambre, & ont commandemét sur eux ; Et pour cest esgard, leurs licts sont proche de ceux desdicts garçons, pour pouuoir corriger, & veoir leurs faultes. Ces garçons ne vont iamais a la guerre encor que le *Roy* y aille, duquel ils recoiuent la payé, le viure & le vestement ; personne ne peut entrer en ceste chambre, que les Medecins, & quelques gens de bonne vie, qui sont obligés a enseigner les Maistres des garçons qui entrent tous les iours.

ORDRE SECOND.

EN ceste Chambre il y à d'autres Enfans du mesme nombre, mais de plus grande qualité, ils vont à la guerre

auec

auec le *Roy*. Il y a encore en ceste chambre des enfans, au-
tans appellez *Zefenli*, ie auroit soldats de plus grande qualité
que les autres qui logent en ceste mesme chambre appelée
Ianroda, de laquelle le grand *Eunuque* dict, *Capiaga*, en
prend tant qu'il veut pour son seruice & en recompense de
cela. Ceux icy peuuent sans autre moyen entrer dans la
chambre fauorisée du Roy. Ces enfans ne peuuent non plus
que ceux de la premiere chambre estre vestus d'autre chose
que de laine; l'Eunuque *Quinu* qui est Maistre d'hostel,
du *Capiaga*, lequel a de paye vingt aspres le iour est leur
chef, & de leurs *Eunuques* en ce qu'il est de particulier en
ceste chambre.

TROISIESME ORDRE OU CHAMBRE.

EN ceste Chambre appellee *Quiler*, il y a d'autres enfans
en nombre d'octante, qui ont huict aspres, comme les
Zeferli, & ceux de la chambre dicte *Hasoda*, grands & petits, desquels deux *Eunuques* ont soing, l'vn ayant supreme
commandement, & l'autre & Maistre d'hostel establi de
par le Roy mesme. La se mettent tous les meubles neces-
saires à la table & pour les medicaments du Roy, desquels
medicaments plusieurs des grands du Royaume se seruent
& en donnent à plusieurs pauures malades pour l'honeur
de Dieu. Vn *Despenser* en a la charge, & en cela est aydé
des enfans, qui ont payé du Roy, plus grande que pas vn autres mis cy deuant outres plusieurs presens, tant en leurs
payes, qu'autres occasions ils peuuent estre vestus de soye,
d'or & d'argent, & aller ou il leur plaist dans le *Serrail*. Ils
couchent

couchent enſemble, & le *Capiaga*, tient la clef de leur chabre la nuict, ils vont auec le Roy ou il va & ſont dreſſez aux
eſtudes & bonnes mœurs accommodent les viandes du
Roy, auec les Deſpenſiers

QVATRIESME ORDRE, OV CHAMBRE.

EN ceſte Chambre il y a nonante Enfans, leur Maiſtre   *a chābre de Pages*
d'hoſtel eſt auſſi *Eunuque*, & de plus grande qualite que
ceux de deſſus comme auſſi les Enfans pour eſtre les plus
proches de la *chambre fauorite*.   Ceſte chambre s'appelle
Haſna, ſcauoir *Threſoreriree*, d'autant qu'en icelle ſe gardét
toutes les bagues du Roy, & les preſens qui luy ſont faicts,
par les *Gouuerneurs* des Prouiuces a leurs retours. Le Threſ-
ſor du Roy y eſt auſſi auquel il ne touche point, s'il n'eſt cō-
trainct par neceſſite de guerre, qui ſe reçoit, & ſe rend a la
meſure, par ce qu'il y auroit trop de peine a le compter. Il
y a encor en ceſte chambre vne infinite d'habis de toutes
ſortes, tant pour la perſonne du Roy, que pour les grands de
la Cour, & pour ceux a qui le Roy en faict preſent, & a
ceux qui ſe font *Turcs*: il y en a ſi grande quantite que pour
les eſuanter, & nettoyer ils y employent vn mois entier
deſquels ont charge les enfans de ceſte chambre

CINQVIESME CHAMBRE

EN ceſte cinquieſme Chābre appellee *Haſoda* qui veut   *Chābre fauorite,*
dire la chābre *fauorite*, la derniere en ordre & premiere
en dignite, il y a enuiron 40 ieunes hōmes tous *Eunuques*,
plus grāds que les autres non ſeulemēt en aage, mais encor

G ij   en

en doctrine. Pource, de toutes les autres chambres, s'elisent
les plus habiles, & montent a celle cy, comme la plus grãde
de toutes.   Ils ont vn *Eunuque* pour chef *Adobachi*, c'est à
dire *grand Chambelan* , il a octante aspres par iours, qui à
commandement sur eux, & les peut chastier comme il luy
plaist, ils le seruent comme les *Zeferli* font le *Capiaga*, auquel il succede en la charge & dignite' immediatement. Le
Roy à coustume de manger en ceste chambre, & se faict ra-
ser, d'vn de ses ieunes hommes, & se rasent aussi l'vn l'autre,
scachants tous leur mestier.   Le *Roy* passe par ceste chambre quand il va donner audiéce au *Visier* pour estre proche
de la demeure des femmes, d'ou sortant il ferme la porte de
sa main, & en garde luy mesme la clef ou le *Capiaga* attend
& l'*Asnadarbachi* les plus grands des Eunuques, qui a octante aspres par iour , & le conduisent iusque au *Tribunal*
l'vn a droicte & l'autre a gauche.   Quand le *Roy* entre dans
la porte, aussi tost le *Hasoda* faict faire signe par vn *Eunuque*
& le *Ianissaire Aga* vient le premier de tous, apres lesquels
viennent les deux Iuges appellez *Cadilesquiers*, & apres eux
les *Visiers* & les *Thresoriers* du Royaume, qui leuent & re-
cueillent tous les reuenus du Royaume. Il y a trois *Thresoriers*, l'vn plus grand que les deux, chascun d'eux a ses Prouinces & lieux separez. Apres eux viennent ceux qui doibuent baiser les mains au *Roy*, & ceux qui sont destinés pour
la guerre lesquels sont aussi tost despechez, & les *Visiers* demeurent seuls.   Et ayant rendu compte au Roy de tout ce
qu'il se passe, sortent aussi au milieu des *Eunuques*, qui sont
en deux costez de la porte de ce lieu, iusques à vne autre, qui
est vis a vis, puis le Roy par vn autre porte s'en retourne en

la

la *chambre fauorite*, ne s'arrestant point, il ne parle à pas vn des ieunes hommes d'icelle sinon auec les cinq principaux, qui ne sont *Eunuques*, qui sont desia sortis de ceste chambre, pour aller au lieu destiné pour leurs offices. Le premier des cinq s'appelle *Turbãt Oglan*, c'est a dire garçon de *Turban* & a vingt cinq aspres, lequel le prend tout acomode de la main d'vn de ses disciples, & le met sur la teste du *Roy*. Le second s'appelle *Regeptaraga*, c'est a dire, superintendant des souliers, lequel a vn lieu separé, ou sont les souliers du Roy, tant pour aller a cheual qu'a pied, de toutes sortes desquels, il n'est permis a personne de porter, si le Roy luy mesme ne luy à donné. Le troisiesme s'appelle *Cioudaraga*, a aussi trente cinq aspres, c'est a dire, qui porte les habillements de pluye au *Roy*, quand il sort, & l'habille tous les iours. Le quatriesme s'appelle *Celictaraga*, il a quarantes aspres le plus grand de tous ceux de la Cour apres le *Capiaga*, cestuy cy porte les armes du *Roy*, & ne l'abandonne iamais a la guerre, & le *Roy* parle souuent auec luy de sorte que sortant de son office d'ordinaire il deuient *Behuc-Jmbor*, ou *Ianissaire Aga*, lesquels offices sont tous deux tres grands, & de grand gain, & pendant qu'il est en sa charge, il recoit souuent des grands presens, oultre la vie & la paye. Le Roy ayant mange en la *chambre fauorite*, il entre auec luy dans la chambre des femmes, ou personne que luy & les *Eunuques* ne peuuent entrer. C'est luy qui leue les premiers plats de la table du Roy, & apres luy les trois autres, qui luy sont inferieurs par ordre & auec le *Roy*, & a la fin du repas ne demeurent, que les *Enfans* de la *chambre fauorite* auec quelques Muets & Nains, qu'ils ayment plus que les

autres,

autres, lesquelles parlent & gauſſent par ſigne, mais non
auec ceux de la chambre, l'office du *Selictar Aga* vacquant,
le *Ciaodar Aga* ſuccede, ainſi des autres quatre par ordre. Le
cinquieſme eſt le *Recuptar Aga*, c'eſt luy qui porte le papier
quand le *Roy* va à la garderobe, il a vingt aſpres de paye.

LA SIXIESME CHAMBRE EST,
des Chaſſeurs.

Chãbre
des Chaſ-
ſeurs.

EN ceſte Chambre il y a trente ieunes hommes tous
portans armes & allans à cheual, leur chef s'appelle *Do-*
gangi Bachi, c'eſt à dire, chef des Chaſſeurs. Il a trente cinq
aſpres par iour, il n'eſt pas Eunuque mais il a grande authorité. Ceux cy n'abandonnent iamais le *Roy*, encor qu'il
n'aille point à la chaſſe ils peuuent ſans cogé ſe promener
par tout le *Serail* ou bon leur ſemble, ceux icy ne ſont point
enfermés la nuict comme les autres. Preſque tous les ma-
tins ils vont à la chaſſe auec leur chef par tous les iardins
auec les oyſeaux ſur le poing.

LA SEPTIESME CHAMBRE.

les Eſtu-
ueurs.

LE ſeptieſme ordre eſt ceux qui ont charge de chauffer
le bain, qui ſont de baſſes qualités, & mangent ce que
reſte à la deſpenſe, ils s'appellent *Chelangis*.

LA HVICTIESME CHAMBRE.

Les coup-
peurs de
bois.

CEVX qui ſont de ceſte ordre ſont appellez *Baltagis*,
c'eſt à dire fendeurs de bois ils ſont quelques choſe de
plus, que ceux de cy deuant, ils logent hors de la premiere

port

porte du *Tribunal* des *Visiers*, ceux icy ont encor la charge,
de rapporter les affaires des grands, qui ne peuuent venir
a la porte que l'on ne leur vienne dire. Tous ces Enfans de
cy dessus ont chascun leur *Baltagi*, qui ont soing de leurs
affaires & de leur apporter leurs necessites de dehors, ou ce
que leurs Peres, parens, ou amys leurs enuoyent, ceux icy
encor qu'ils soient hors de la premiere port du *Serail* ils ne
peuuent sortir dehors sans congé du *Roy*. Pendant que le
Diuant se tient, ils se tiennent tousiours debouts a la porte,
prests a executer les commandements enuoyez des *Eunuques*, auxquels se donne charge de tout ce qui est necessaire
dedans, & puis ils leurs en donnent toute charge, ils sont
aupres des sieges des Medecins, qui sont du costé droict en
entrant, & a gauche. Le *Capiaga* auec les trois plus grands
des *Eunuques*, scauoir le *Thresorier* le chef de la despence &
celuy de la chambre, les autres *Eunuques* ne peuuent sas-
seoir. C'est encor leur charge de lauer auec des esponges,
d'eau rose, de vin aigre, & du ius de lymon, vn chemin paué
de marbre blanc qui va depuis la *chambre fauorite* iusques
au *Tribunal* ou il donne audience aux *Visiers*.

LE NEVFIESME ORDRE.

CEVX icy sont encor dehors, leur chambre est proche
de la cuisine du *Roy* & s'appellent *Iacequy* leur charge
est de porter les viandes de la cuisine a ces chambre de dedans comme il leur est commandé du *Baltagi*, auxquels les
Eunuques font entendre a qu'elle chambre ils doibuent
porter le manger.

Porte vi-
andes.

Le di

LE DIXIESME ORDRE.

Faiseurs de confitures.

CEVX cy sont appellez *Aluagileri*, qui ont charge de faire, tout ce qui se compose auec le sucre, & miel, tant pour la bouché du Roy, que de ses Officiers ; La encor se font les *Electeurs*, & *Appoticaires*, toutes lesquelles choses se portent en la despense Royale, quand elles sont faictes, ou elles se distribuent. Ils sont de plus grande qualité, que les Cuisiniers, & leur chef est de grand credit, & s'appelle *Aluangi Bachi.*

DES MVETZ.

Muets parlent par signe.

LES Muetz s'appellent *Dilzis*, cest a dire, sans langues, & est chose merueilleuse de les veoir discourir, d'autāt qu'il ny a chose au monde si naturelle, que celle cy artificielle, de telle sorte qu'ils se font entendre par signe du corps des mains gauches & droictes, du crachat & auec d'autres signes l'vn a l'autre, ce qu'ils veulent, & mesme à ceux de la Cour. Qui pour pratiquer ordinairement auec eux, ont ce muet langage, ce qui est plus a admirer en cecy est, qu'ils ne se font pas seulement entédre de iour, mais encor de nuict, sans bruit aucun de voix, mais simplement par le toucher des mains, & autres parties du corps, auec quoy ils ont faict vn nouueau langage entre eux, chose presque impoßible a l'esprit de l'homme, & se monstre mesme aux *grands Seigneur*, & plusieurs autres, qui l'apprennent, comme on faict les autres langues. Ce langage s'appelle *Ixarette.*

Des

I. PARTIE

DES CHASTRES.

LES *Eunuques* sont de deux sortes, blancs & noirs, les blancs sont à la porte du *Roy* & leur chef est le *Capiaga*, soubs lequel il y a encor d'autres chefs, lequel *Capiaga*, à cent aspres le iour de gage Les noirs sont à la porte des Dames ou ils ont aussi leur chef, qui est de grand credit & s'appelle *Kislaragaty*, soub lequel il y a encor d'autres chefs differents, & sans luy lon ne peut rien faire a ceste porte, comme a la porte du *Roy* sans le *Capiaga*, le consentement duquel il est besoing d'auoir a celuy qui veut traicter auec le *Roy* & ses *Eunuques*. Les *Roys* ont accoustumé d'en donner à leurs filles, pour gardes, & gentils Hommes de leurs chambre lors qu'ils les marient, & cela d'autant qu'il semble n'y auoir apparence, que leurs maris donnent des gardes, estans filles du *Roy*.

Hors de la Court il y a diuerses charges, comme *Capigi*, c'est à dire, Portiers, *Chaoux*, c'est à dire, Commissair, *Houlac*, Couriers à pieds, *Soulac*, Couriers a cheual. Ceux icy en leurs voyages, ont vne auctorité supreme, & sont quelque fois tirez de dedans le *Serail*, la plus grãde part neautmoins, se prend dehors, ou par faueur, ou par merite. Les six chefs principaux des portiers sortent de dedãs, & sont assis à la premiere porte quand les *Visiers* tiennent le *Diuan*. A ceux icy se commettent plusieurs affaires de grande consequence partie des choses criminelles, & ou il y va d'execution de sang, se donne au *Capigi Larchiaiaci*, cestuy cy & le *Chaoux Bachi* ont la charge de rapporter au *Roy*, ce qui

leur

H

leur eſt commande' par le *Roy* ils ſont touſiours debouts,
& traictent des affaires publicques.

DES BAINS.

IL y à dans le *Serail*, deux Bains, l'vn pour les hommes, &
l'autres pour femmes.   Le premier ſert a toute la Court
du *Roy* qui s'y faict raſer.   Il eſt ſi beau & ſi magnificque
de tant de diuerſes ſortes de pierres, & ouurages treſ-ſump-
tueux, que ie crois que iamais au monde, ils'en ſoit veu
vn ſemblable, lequel ſa belle ſituation rend encor plus
admirable.   Pour ceſte heure le *Roy* ne s'en ſert point,
mais de celuy des femmes.   Ce bain eſt gouuerne' par vn
chef appelle' *Amabachi*, & encor par vne grande quantite' d'Enfans, que l'on tire de la premiere chambre, qui
ſont ſoubs luy, il y à encor d'autres appellez *Calangi*, deſquels il a eſté parlé.   Apres le *Chrislargiagachi*, qui eſt *Eunuque*, de dignité fort approchant à la ſienne, nommé *Sa-
riaga* lequel ſuccede audict *Chrislargiagachi*, ceſtuy cy a
ſoubs luy beaucoup de gens qui le ſeruent, il parle au *Roy*,
& a eſgard ſur tous les baſtimens du *Serail*. Tous les Maiſtres, chef des Maiſtres, & autres artiſans luy obeyſſent il
paye tous les ouuriers du *Serail* du *Roy*, ſortant il a tout
pouuoir, il diſtribue la paye a tous les *Eunuques*, qui ſont
hors du *Serail*, & encor a pluſieurs Officiers du *Roy*.   Son
eſtat fuſt du temps du *Sultan Amurat*, donne' au *Capiaga*
luy eſtant faict *Manſul. Anacta Oglan* ſont ceux qui ont
le ſoing des chefs du *Serail* & ſont touſiours aupres de la
perſonne du *Roy*, qui ne ſortent iamais qu'auec le *grand*
Seigneur

Seigneur, il y a encor d'autres dans le *Serail*, mais ils ne font efleuez aux dignites comme ceux que nous nommé icy deuant, comme le *Bouftangibachi*, qui veut dire le chef des iardins du *grand Seigneur*, ayant deffoubs luy plufieurs chefs de iardins il peut parler fouuentesfois au *grand Seigneur* a caufe, quand il va fe promener, il tient le gouuernail du *Caique* du *grand Seigneur*. Pour les autres ils ne peuuent parler au *grand Seigneur*, que premier le *Capiaga*, ny ait parlé.

QVELS SONT LES ESTATS, ET CHAR-
ges chez le grand Seigneur, hors de fon Serail, en fa
porte de Conftantinople.

LA premiere charge eft du *grand Vifier*, autrement grand *Bacha*, qu'ils appellent en leur langue, *Vifier Hafem*. Les *Vifiers* font les Confeilliers d'Eftat de ceft Empire, le nombre defquels eft incertain, ils font quelquefois, quatre, cinq ou fix.

Le premier eft fur tous les autres, lefquels ne luy feruent que pour tefmoings feulement. Eftant abfent le fecond *Vifier* fert a fa place, luy feul difpofe entierement de fa pleine auctorité des chofes ciuiles, & criminelles de tout l'Eftat, en donnant nonobftant aduis au *grand Seigneur*, de tout ce qui fe paffe, lequel ne l'efconduys iamais de toutes les demandes. Ceft auec le fufdict *grand Vifier* qu'il

Le grand Vifier.

H ij faut

faut que les Ambaſſadeurs, enuoyés, traiċtent ou de paix, ou
de guerre, ou d'autres affaires, d'autant que iamais leſdiċts
Ambaſſadeurs, ne voyent que deux fois durant leurs charges le *grand Seigneur* , l'vne a leur arriuée au iour de leurs
baiſe mains, & l'autre quand ils partent. Le voyant ils font
faire leur diſcours par leurs truchements, du ſubieċt de leur
voyage, alors le *grand Seigneur* dit vne parolle ou deux, &
le *grand Viſier* qui eſt preſent finit le reſte de la reſponce, &
de toutes affaires qu'ils leur arriuent ils vont traiċter auec
le *grand Viſier*, lequel eſt tant reſpeċté des *grands Seigneurs*,
que meſmes s'ils veulent quelque choſes de leurs propres
volontez ils enuoyent la requeſte aux ſuſdiċts *grand Viſier*,
qu'ils appellent *Ars*.   Le premier qui commença c'eſt
couſtume, fuſt, *Ammurat* troiſieſme qui commença premierement à vendre les offices , & ayant vendu quelques
eſtats, il faiſoit donner vn de ſes *Ars* au *grand Viſier* , pour
monſtrer ceſt eſtat , auoir eſté donné auec plus d'e-
quité.   Le *grand Viſier* à le ſeau du threſor du
dehors du *Serail* , encor qu'il y ayt deux
Threſoriers, deſquels nous parlerons
cy apres en leur rang.

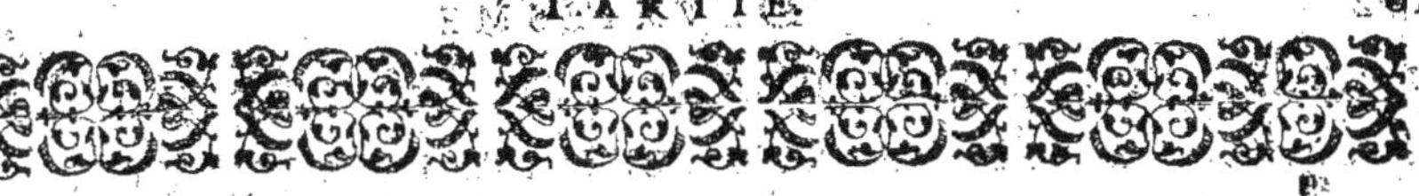

CE QU'EST LE DIVANT OV PORTE DV
grand Seigneur, qui eſt le lieu, ou s'adminiſtre la Iuſtice,
enſemble, qui ſont ceux qui y entrent, & quel rang ilz
tiennent.

LE lieu du *Diuant* eſt dedans le *Serail*, & eſt ou la
Iuſtice s'adminiſtre, le Sabmedy, Dimanche, Lun-
dy & Mardy ſeulement, lequel ſe tient le matin, &
eſt permis d'y aller à qui à des affaires, pendant ces iours. Le
grand Viſier entre auec beaucoup de ceremonies accompagnez de pluſieurs Officiers & Soldats du *grand Seigneur*,
deſquels nous parlerons chaſcun en ſon particulier. Lors
donc qu'il y doibt aller, les autres *Viſiers*, les *Cadileſquiers*,
Ianiſſaires, & ceux qui ont charge de ſe trouuer en ce lieu,
y vont de ſi bonne heure, que la plufpart du temps ils attē-
dent l'ouuerture de la porte. Laquelle ne ſe faiɛt pas que
premierement vn de leur grands Preſtres qu'ils appellent
Yman, ait faiɛt des prieres pour la memoire des *Empereurs*
paſſez & pour la proſperité du preſent. Scachant l'arriuee
du *grand Viſier*, ils ſortēt tous du *Diuāt* par ordre, & le viennent ſaluer; puis lediɛt *grand Viſier* entre le premier dedās,
ſuiuy de tous les autres ſuſdiɛts, & s'aſſied le premier a la
main droiɛte, & puis le ſecond *Viſier*, le troiſieſme, quatrieſme, cinquieſme, ſi tant il y en a, qui ne ſeruent que de Con-
ſeillers, & quelque fois auſſi pour commāder a labſance du
diɛt *grand Viſier*. S'il ſe faiɛt le proces de quelques rebelles
de Iuſtice ou autres criminels deux Secretaires des commandements

mandements, aufquels ils ordonnent d'efcrire pour ceft effect, mettent au commancement la marque imperiale. Laquelle n'eft autre chofe, finon quelque grande lettre Tur-
quefque qui fignifie le nom de l'Empereur regant, comme
celle du celuy qui eft a prefent *Sultan Amat*, fils de *Sultan
Mahomet*, toufiours victorieux. Ils ne mettent cefte marque que pour ne donner la peine au *Niſſangibachi* de l'y
mettre d'autant qu'il ne pourroit fuffire a tous. Et ne la mettent qu'aux chofes qui luy font ordonnées, autrement ils
mettent les leurs, qui repaffent deuant le *grand Viſier*, apres
auoir eft' portez au *Niſſangi*, qui eft grand Chancelier pour
y mettre celles du *grand Seigneur*. Ce qui fe r'enuoye au
grand Viſier, n'eft que pour meilleur intelligence.   Au
defoubs du dernier *Viſier*, s'affied le *Bellerbei* de *Grece*,
qui veut dire vice Roy, mais cela n'eft pas ordinaire,
dautant qu'il ne demeure toufiours a la porte, les autres y entrent feulement vne fois lors quils font faicts
Beillerbeis, les iours quils baifent les mains au *grand Seigneur* & non plus.

Iuges de la Grece, & de la Natolye.

Le *Niſſangibachi*, s'affied vn peu plus efloigne' des *Viſiers*. A leur main gauche font les *Cadilefquiers*, qui fõt deux
grand Iuges, l'vn de la *Grece*, l'autre de la *Natolye*. Celuy de
la *Grece* eft plus grand en honneur, & s'affied deuant l'autre
mais le fecond a le plus grand proffict. Sil fe traicte de quelque proces qui aille par Iuftice, lefdicts *Cadilefquiers* en iugent celuy de la *Natolye*, entre puis a pres dans le *Serail*,
auec le *grand Viſier*, il le porte au *grand Seigneur*, qui apres
auoir

auoir dict qu'il le fasse met son seau au dessus du proces. Ils Mously ou grand Prestre, ne iugent iamais sans l'aduis & decret de leur grand Prestre de la loy qu'ils appellent *Mously*, lequel leur donne ad-uis selon leur loy. Iceluy *Mously* a grand credict com-mandant à tous les gens de lettres. Du passé ils ne chan-geoint point mais bien a present. Il tire de paye du *grand Seigneur* cinq cent cinquante aspres le iour sans les autres presents quil a des demandes quiluy sont faicts. Les surnommez *Cadilesquiers* n'ont aucune paye ils he-ritent seulement de la plus part des biens de ceux qui meu-rent en la paye du *grand Seigneur*. Ce sont ceux, qui dis-cernent ce qui appartient a la femme, & aux enfans des morts. Puis s'assient les *Testerdarts* qui veut dire grand Thresorier, & sont au Diuant pour iuger absolument de ce qui appartient aux finances & Tribut du *grand Seigneur*. Il y en a de plusieurs sortes, mais le premier s'appelle *Asnardarbachi* qui veut dire Thresorier general, lequel est tousiours *Eunuque*, & à la charge de faire payer tous les Artisans du *Serail*, auec l'argent du thresor, en ayāt receu nonobstant l'ordre du *grand Visier*. Les autres s'appellent tous communements *Testerdars*, y en ayant vn entre eux qui deliure les deniers, employez hors le *Serail*, les autres sont employez pour recepuoir l'ar-gent du Royaume chascun particulierement, comme de *Boude*, de *Belgrade*, d'*Alep*, de *Damas*, & du grand *Cayre*. Ils ne demeurent pas ordinairement a la porte du *grand Seigneur* exceptés les deux premiers nommés, qui on leurs logements fort pres du *Serail*.

Soubs

Soubs les *Tefterdars* sont les *Muceadagi*, qui sont trois, lesquels ont chascun soub eux vn *Teschieregi*, pour escrire leurs commandements, qui ont les liures ou s'escriuét tous les reuenus du *grand Seigneur*, les imposts & les rentes qui entrent au thresor. Il y en a aussi d'autres nommés *Mohaſſe-begi* qui sont ceux, qui ont les liures des comptes, de ce qui se paye, & du reste en tiennent compte. Puis il y en a d'au-tres nommés, *Iumamegi*, qui sont deux lesquels recóiuent premierement les deniers, quand ils arriuent a la *porte*, & s'il faut payer quelqu'vn dehors ou dedans le *Serail*, ils vont prendre vn commandement des *Tefterdars*, pour cest effect.

Chambre des comp tes　Il y en a vn autre qui s'appelle *Ruſnamegi*, qui est celuy qui paye les *Ianiſſaires*, & leur escriuain apportant le liure ou sont escrits tous leurs noms, entre au *Diuant*. Les *Ianiſ-ſaires Aga*, ou *general* de toute l'Infanterie du *Turcs*, qui est ordinairement choisis des *Capigi-bachi*, autrement *Capitaines* des portiers, ou des grands Escuyers appellez *Behuc Imbror*, quelque fois en sortant du *Serail*, sont prou-ueus tout à coup de ceste charge, & sortant d'icelle, sont faict *Beillerbeis* de la Grece, ou *grand Viſier*. Mais rarement à present ils paruiennent à ceste charge. Dautant qu'ils sor-tent tout à coup *grand Viſier* du *Serail*, ce qui ne se practi-quoit anciennement. Le premier fut *Abrahim*, du temps de *Soliman* qui sortit *grand Viſier* du *Serail*. Le *Chiaous-bachi*, auec le *Capigilarchiaiaci* sont au *Diuant* deuant le *grand Viſier* sur pieds, pour empescher qu'il ne fasse quelque ru-meur & prennent les Requestes de ceux qui vont au *Diuãt* les donnãt au Secretaires d'Estats, pour les lire au *grãd Viſier*.

Le

Le *Chaousbachi*,eſt chef de tous les *Chaous* qui ſont au *Capitai-ne des Chaous.* nombre de quatre ou cinq mils & ont de paye trente , ou quarante aſpres,ou des *Timars*,les *Viſiers* baillent plus vo-lontiers des *Timars* que de largent.*Chaous* veult dire Com-miſſaire,& ſont ceux qui ont les Commiſſions,pour aller ou il eſt beſoing pour les affaires de l'Empire. Le *Chaouſ-bachi*,a plus de gain que n'a pas le *Capigilarchiaiaci*,mais l'hõneur de la charge eſt ſéblable,le *Capigilarchiaiaci* eſt le Lieutenant du *Capigibachi* , ou Capitaine de la *Porte*. Ils ſont ſix ou ſept Capitaines, & ont cent cinquante aſpres par iour de paye. Et ont ſoubs eux quatre mils *Capigi*, qui veut dire portiers, qui ſont enuoyez quelque fois pour porter des preſents a quelque *Viſier* ou *Bacha*, d'autrefois pour eſtrangler quelque grand.

Le *Capagilarchiaiaci* eſt auſſi par deſſus eux pour les chaſtier, & faire tenir a leur debuoir ſans que *Capigibachi* en ait la peine ils paruiennent a eſtre *Couchoucimbor*, qui veut dire , petit Eſcuyer. Les ſuſnommez *Capigibachi* ſe tiennent au dedans de la porte du *Serail*,ou entre le *grand Seigneur* & ont le ſoing de conduire ceux qui vont luy bai-ſer les mains,les tenant chacun par vne manche.

Voila tous ceux qui entrent au *Serail*, a ceſte heure,ie vous parleray tant de l'Infanterie que de la Cauallerie du *grand Seigneur* , & des autres offices parti-culiers, tant de de-hors de ſa mai-ſon , que dedans.

★ ★ ★

★ ★

I DE

DE LA MILICE, OU GENS DE
Guerre du grand Seigneur, & premierement
de l'Infanterie.

Les Ia-
niſſaires,   IE commenceray par l'Infanterie qui ſont les *Ia-*
niſſaires, eſtant en nombre tous enſemble, ſcauoir
eſt, de ceux qui demeurent a *Conſtantinople* quarante cinq mils, qui tirent paye. Ils ont de grands priuile-
ges, car eſtant trouuez en quelque faulte, ils ne ſont iamais
punis en public ny iuſticiez: mais batus particulierement
en leurs chambres par leurs chefs : & s'il y a quelqu'vns
qui meritent la mort ils ſont eſtranglez la nuict, où iettez
dedans l'eau.

Quand ils vont a la guerre le *grand Seigneur* eſt obligé de
leur faire auoir *L'ocque* de chairs (qui eſt trente ſix onces)
a deux aſpres: mais ce priuilege n'eſt que pour ceux qui ne
ſont point mariez. Du paſſé il ne s'en marioit aucun, a preſent ceux qui ſe marient, ne logent en la chambre de leurs
compagnons, & n'en peuuent iamais eſtre chef. Tout le
corps des *Ianiſſaires* eſt deuiſé, en cent ſoixante & cinq
chefs, ſcauoir cent, & vn *Iaiabei*, & ſoixante quatre, *Bou-*
lous-Bachi. Ce nom de *Boulous-Bachi* eſt commun a
tous Capitaines & ſignifie Capitaine qui commande, a plus
de gens que les *Aiabachi*. Et ont plus de proficts qu'eulx,
mais les *Aiabachi*, ont les preſents quand ils vont enſemble
& vont a cheual, & les *Boulous-bachi* a pied. Les *Boulous-*
bachi

bachi ont huiéts afpres par iour & font chefs des chambres
des *Ianiffaires*. Les Capitaines des Ianiffaires vont a cheual,mais eux vont toufiours a pied,ne portant que des Ar-
quebufes. Par le paffé ils auoient pour achepter les cheuaux qui leurs faifoient de befoing tant pour leur ayde
comme pour porter leur manger. A prefent ils ont vn
Cheual pour dix perfonnes pour porter leurs hardes allãts
a la guerre,ne pouuant mettre fur iceluy chacun deux,que
deux chemifes,deux paires de fouliers & vn *Morlac* qui eft
vn manteau de pluye,& vne couuerte de liét,qu'ils mettét
au deffoubs d'eux pour dormir. Pour porter les viures, le
grand Seigneur leur fournit des Chameaux. Ils ont auffi
couftume,quant ils recoyuent la paye,de faire deux Trefo-
riers donnant chacun vn tant, felon leur paye, laquelle eft
diuerfe de quatre,cinq,fix afpres le iour. Ceft argent eft mis
a intereft, duquel ils s'en feruent vne partie pour rachepter les Prifonniers & les Efclaues, donnant pour chacun
d'eux cent ducatz Le reft ils l'employent a achepter des
tantes & pauillõs,& autres chofes neceffaires pour la guer-
re.Les fufdiétes chofes font par apres diuifées entre eux ef-
galement,par les Threforiers.Aduient qu'vn iour les *Ianif-*
faires, ne voulurent aller a la guerre, qu'auec le *grand Sei-*
gneur,difants qu'ils eftoient a fon feruice pour la garde de fa
perfonne, & furent appaifez par plufieurs prefents, moyennant que leur Colonnel y allaft a la place du *grand Sei-*
gneur, ce qui leur fut accordé : & faut que leur Co- *Plufieurs*
lonnel y aille vne fois l'an. Il y a de deux ou trois fortes *fortes de*
de fes *Ianiffaires*, les vns s'appellent *Corrugi* lefquels *Ianiſßaiſ-*
ne vont iamais a la guerre & peuuent tirer de dix a *res.*

I ij

trente

trente aspres par iour, & se font par force d'argent pour
estre exempts de la guerre. D'autres nommez *Otturas* qui
veut dire morte paye, par corruption d'argent se font dire
estropiez encor qu'ils n'ayent aucun mal. D'autres qui sont
ieunes Garçons & par teneur de leurs Peres, sont mis a la
paye du *grand Seigneur*, en sorte que de quarante cinq mils
il en demeure quinze mils a *Constantinople*, lesquels tous
ensemble demeurent soub le commandement de *Stam-
bou-agachi*, pour la garde de *Constantinople*, qui est quelquefois gouuerneur de *Constantinople*. Lors que le Gouuerneur va a la guerre, il est chef des *Amoglands* qui son enuiron en nombre de trente mils. Les *Stambouls Agachi*
sont faits des *Hasechi* qui sont quatre & ont chacun, soubs
eux trois cent *Ianissaires* pour commander. Ces *Amoglans*
susdits, sont enfans de Tribut & ont deux chef, venants au
seruice du *grand Seigneur*, l'vn qui s'appelle *Romeli-agachi*,
qui est celuy a qui se consignent les enfans du Tribut de la
Romelie. Ces deux tirent grand profiet de ces enfans d'autant qu'ils les vendét a quelques vns pour dix ou douze ans
qui s'en seruent comme d'esclaues, & les susdits chefs les
escriuent sur leurs liures. S'il aduient qu'il en meure quelqu'vn durant le temps prefix, ils sont obligez d'en apporter
bonne attestation, pour la rendre quand le temps est venu. Alors ils commencent a entrer a la paye du *grand
Seigneur*, & sortent des mains du *Romeli-agachi*, & des
Anatolagachi, & entrent en ce temps la soubs la charge
Stamboul-agachi.

Mais pour retourner aux *Ianissaires* & a leurs chefs, le
Ianissaire Aga, estant leur general, a dessoubs luy oultre
tous

tous les Capitaines fufnommez, d'autres appellez *Iaiabei*
qui ont authorité fur eux , en difpofant a leurs volontés
pour les faire batre , & chaftier.   Quant ils commettent
quelque grand crime le *Janißaire Aga*, enuoye fon *Chiaia*,
qui veut dire Maiftre d'hoftel pour les faire punir, il faut
auffi que ce Maiftre d'hoftel foit content, quand quelques
Janißaires font enuoyez en commiffions (comme ceux qui
vont demeurer chez les Ambaffadeurs de la porte ou autre
lieu) de les efcrire fur leur liure, & pendant leurs commiffions ils font obligez, tous les trois mois chacun de luy donner octante afpres, & s'ils faifoient autremét il les chaftie-
roient & les ofteroient de leur charge. A la porte du *Ianif-
faire Aga* fon Lieutenant y eft toufiours, qu'ils appellent
Chiaiageri ou perfonne ne peut entrer fans fa licence.

Pres du fufnommé *Ianißaire Aga*, font les *Adobachi*, qui
font les chefs des chambres des Ianiffaires, eftants en nombre de dix, de vingt, de trente, iufques a cent.

Il y a auffi deux *Chaous*, l'vn qui eft toufiours au pres de
luy, & a foub fa charge octante *Janiffaires*.

L'autre eft aupres du *grand Vifier* pour rendre compte,
de tout ce qui fe traicte, entre le *grand Vifier*, & le *Ianif-
faire Aga*, ne permettát qu'aucuns *Ianißaires* en approchét
fans fa permiffion.

Anciennement le *Ianißaire Aga* s'eflifoit entre les *Janiffaires*, il arriua vne reuolte entre eux & ne voulurét plus
qu'il fe feit de *Ianißaire Aga* d'entre eux, demandants qu'ils
euffent a fortir du *Serail*, pour entrer a cefte charge, ce qui
fuft accordé, & le *Sementbachi* qui eftoit anciennemét leur
Aga eft toufiours refté auec plus d'honneur, que les autres
& eft

& eſt Gouuerneur de *Conſtantinople*. Quand l'Empereur va a la guerre, & le Ianiſſaire *Aga*, ledict *Sement* y va auſſi laiſſant pour Gouuerneur de *Conſtantinople* le Stamboul-agachi.

Au logis du Ianiſſaire *Aga* il y a encor pluſieurs autres comme les *Mactery*, qui ſont ceux, qui ont ſoing de ſon logis, & tiennent la Iuſtice, il ſont pres de luy auec des bonnets de Ianiſſaires en teſte, & ſont pour recepuoir ſes commandements. D'autres nommez, *Colluxi* auec des grandes ceintures de broderie, & a eux ſeulement eſt permis d'en porter. D'autres qui ſont appellez *Mougi* qui ſont obligez lors que le Ianiſſaire *Aga* veut aller par la ville, de luy fournir ce qui luy eſt de beſoing, & tous a leurs deſpens ayant pour ceſt effect, quelques deniers prouenants ſur vn droict d'vne peſcherie.

DE LA CAVALLERIE.

APRES auoir parle de *l'Infanterie* du *grand Seigneur* ie commenceray a parler de la *Caualerie*, qui eſt la plus grande puiſſance de tout ſon Empire.

Toute la Caualerie donc eſt diuiſe en *Spahi-Timarios Spahi de la porte*, & *Spahi alchingi* Eſtant en nombre ceux de la *Natolye*, de deux cent trente ſept mils, trois cents hommes & plus, ceux de la *Romanie* a cent trente ſept mils, neuf cent.

Les *Spahi Timarios*, ſont en nombre de ſeptante mils & ſont comme Commandeurs & Seigneurs des villages, eſtans ſeuls de tous les *Turcs* qui poſſedent des terres, ils ſont obligez ſelon les *Timarios*, qui leur ſont donnez de

tenir

tenir vn certain nombre de cheuaux & d'hommes. Comme pour exemple aultant de *trente sequins*, qu'ils ont de
reuenu, autant sont ils obligez d'entretenir d'hommes a
Cheual,& venir quand ils sont mandez, auec leurs gens
a *la porte* du *grand Seigneur*, pour faire ce qu'il leur sera
commandé. Leurs *Timarios* qui vaut autant a dire comme commandes, leur estant donnez ou quand le *grand
Seigneur* vient a conquerir quelque pays, sur son ennemy,
ou quelque pays se vient mettre soubs son obeissance.
Alors le *grand Seigneur* diuise sa conqueste en trois parties.
scauoir les *Timarios*, *Mosquées*,& luy. Mais le tout comme bon luy semble.

Les *Spahi* de la *porte*, sont diuisez en cinq compagnies,
estans tous en nombre de vingt cinq mils.ils ont de paye,
de douze a quarante aspres le iour. Lors que le *grand
Seigneur* va a la guerre, ses soldats tiennent l'ordre qui
suit. Les *Ianissaires*,a la teste. Les bandes des *Spahi* sus-
dicts de la porte vont sur les aisles, le *grand Seigneur* bat
au milieu,puis sa maison,Chameaux,*Capigi*, Chariots, Pages & autres, en sorte qu'il est enfermé au milieu de ses
troupes.

A la main droicte marchent trois bandes de *Spahi* l'vne
est nommée de *Sougouraba*,*Sparglaui* & celles de *Selictars*,
a sa main gauche.Il y en a trois autres ainsi nommées, *Sa-
losigi*,*Salhosigi*, *Solhouraba*.
Les *Sougourabas*,signifient pauures *Spahi*, dautāt que passant vne fois *Selim* pres d'eux,il leur demāda, qu'ils estoiét,
tous ensemble respondirent nous sommes vos pauures
Spahi,ce qu'entendant il leur dit soyez tousiours nommez

en cest

en ceſte ſorte, & leur fiſt donner vn preſent d'vn nombre
d'aſpres.

Les *Sparglaui*, ont eſté mis en reputation du temps du
meſme *Selim*, d'autant qu'à la iournée que lediⅭt *Selim*, eut
contre *Capſongoro* de *Natolye*, la plus part de la Cauall-
lerie s'enfuit & ceux icy reſterent, & ſe comporterent ſi
valeureuſemét, que lediⅭt *Selim* demeura victorieux. Pour
memoire d'vn aⅭte ſi memorable ils furét tous faiⅭts Cheualiers, & tindrent le premier lieu aupres de ſa perſonne.
A preſent la plus part de ceſte bande, eſt tirée des Pages du
grand Seigneur.

Les *Scelictars* ſont tirez des *Amoglans*, du Serail des *Eſclaues*, & des *Ianiſſaires*.   Du paſſé il n'y auoit que douze
cent de ceſte bande, & autant des autres, mais a preſent, ils
ſont cinq ou ſix mils a vne compagnie: les autres ſont tirez
des autres *Serails*, qui ſont quatre en tout, a ſcauoir, celuy
du *grand Seigneur*. vn autre a *Conſtantinople*, celuy *d'Abra-
hin* premier Bacha, celuy de *Galata*.   Leſquelles Compagnies ont accroiſſement de paye, pour hommes, quand le
grand Seigneur vient a mourir. Celles des *Sougouraba Sparglani, Scelictars, Salhoſigi*, ſont rehauſſez de quatres aſpres
par iour, & celles de *Solofigi, Solhouraba*, de trois. Et de plus
recoiuent cent aſpres, de preſent pour hommes.

Leurs banderolles ſont diuerſes en couleurs, celle de
Sparglani eſt rouge, des *Selictars* iaune, des *Salhoſigi* blãche,
des *Solofigi* iaune & rouge, des *Solhouraba* verte.   Et des
Sougouraba verte & blanche.

La troiſieme des *Spagi* eſt celle, qui ſe nomme *Alquin-
gi*, qui ſont les Auant-coureurs. Ils ſont touſiours a la teſte,

& en

& en nombres quelquefois de cent mils, il n'ont aulcune paye, & vont seulement a la guerre, pensant obtenir quelque paye, ou des *Spahi* de la porte, ou des *Timarios*, & font ordinairement des grands larcins.

Il va aussi a l'armée vn grand nombre de gens, qui s'appellent *Bulgari*, pour garder les Chameaux des *Bachas*, & faire autres seruices, comme de mener les chairs de moutons & de bœufs, & pour ce subiect il font exempts de tous tributs, tant d'enfans que d'autres choses.

De tout sorte de mestiers, il y va aussi vn nombre de gens, & quand ils ont faict vn ordre des gens qu'ils veulent, ils iettent vn impost, a tous ceux qui demeurent, d'vne certaine somme de deniers qu'ils distribuent a ceux qui font choisis, pour aller a l'armée, & outre ceste argent, il leur est permis de vendre, ce que leur mestier leur peut apporter.

De plus vont a la guerre les *Iebegi*, & *Topigi* qui font ceux qui ont soing des armes qui se doibuét donner y en ayant enuiron, en nombre de six ou sept mils soub vn chef, nommé, *Gebehi-bachi*. Ses *Gebegi*, & *Taupigi*, combatent auec les *Janissaires*, & ont la mesme paye, ayant ce priuilege de plus, qu'on ne les priue entierement de leur paye, comme les *Janissaires*, lesquels estants estropiez on leur en leue la moictie. Au commencement ils n'estoient que six cent, & lors ilz auoyent grande paye a sçauoir de trente a quarante aspres le iour, a present ilz patissent vn petit, d'autant qu'ilz ne font tousiours payez comme les *Janissaires* En somme toute la *Caualerie* & *l'Infanterie*, de tout l'Empire du *grand Seigneur* s'entend celle qui est entretenüe, peut monter

enuiron

K

enuiron a sept cent quarante cinq mils., huict cent cinquante hommes.

Galeres
du grand
Turc.
  Le *grand Seigneur* a de Galeres entretenúes ordinairement a *Constantinople* cinquante, & autres cinquante qui
sont au Port, qu'il peut armer quand il luy plaist, & outre
celles icy, en entretiét encor dix neufs, tant parmy les Isles
de l'*Archipelage*, que pour deffence des places qu'il a en
son Empire sur la Marine,; Les premieres sont celles de
Rhodes qui sont quatre ausquelles le *Bei de Rhodes*, commande comme a toutes les autres dix neuf, lors qu'elles
sont ensemble le General de la Mer qui estoit *Sigalle*,
ny estant point, lequel *Sigalle* allant en *Perse*, laissa vn
Lieutenant, pour celles de *Constantinople*, & pour ces dix
neuf le *Bei de Rhodes*. Et peut couster au *grand Seigneur*
la Galere, l'vne portant l'autre trois mils cinq cents, &
quatre mils sequins, donnant pour chasque Esclaue depuis
seize iusques a vingt cinq sequins tous les ans, puis reste la
paye des Soldats & Capitaines de dessus les Galeres.

Reuenu
du grand
Seigneur
  Le reuenu du grand Seigneur sans le tribut, monte a
cent octante sept mils cinq ducatz par iour, qui est tous les
ans *soixante huict millions*, *quatre cens*, *quarante trois mils*,
huict cent ducats : & la despence, monte par iour, *a cent
soixante sept mils*, *cinq centZ*, tant pour payer les Soldats
entretenus, qu'autres choses pour la guerre, & ce qui reste
est employé pour la cuisine, & pour la despence de sa mai-
Conclusiõ
de la 2.
partie.
son. Voila ce qui m'a semblé bon de vous raconter de
l'estat & maison du *grand Seigneur*, vous assurant que ie
n'ay rien escrit que ie ne l'aye entendu de la propre bouche
des Turcs.

C'est

C'eſt pourquoy il ne faut pas trouuer eſtrange que leur
puiſſance ainſi d'eſcrite ſoit bien grande, puis que
çeſt l'ordinaire de tous d'extoller leur choſes
propres. Le diſcret Lecteur en iugera ce
qu'il croira eſtre de raiſon, & prendra
en bonne part le recueil
que i'en ay fait.

K ij

TROISIEME
PARTIE.

APRES auoir seiourné quatre mois & quelques iours a *Constantinople*, nous feismes voile pour aller a *Tripoli* de *Soria*, le dixseptieme de May Mil six cens & cinq. Et pour cest effect, il nous falluft repasser sur la Mer que nous estions venus, laissant a la main gauche ce que nous auiös laissé a la droicte iusques a *Chio* d'ou nous passasmes a *Samo*, qui en est a cent mils.   Elle auoit anciennement plusieurs noms sçauoir *Samo*, *Partenia*, *Druyssa*, *Attenara*, & *Melansilo*, & est assisse vis a vis de *l'Acarie*, prouince de *l'Asie mineur*, ayant vers le leuant quarante mils de long, & cent de tour. Remarquable pour auoir donné naissance a plusieurs personnes Illustres, comme a la *Sibille Samia*, *Pythagore Philosophe*, *Licaon Musicien*, & qui plus est a la Deesse *Junon*: Et se voit entre plusieurs vestiges d'vne ancienne Ville les ruynes d'vn Temple dedié a ladicte Deesse, auquel reste encor la statue. L'on dict, que de ceste Isle, a cause de sa haulteur, on pouuoit anciennement descouurir *Troye la grãde*: Au reste elle a quantite de fontaines du costé de l'Orient, & estoit iadis si fertile & si peuplée qu'elle faisoit teste a la force des *Atheniens*, mais auiourd'huy elle est quasi deshabitée & deserte pour crainte des *Corsaires* qui rauagent les

habitans

l'Isle de Samo.

habitans d'icelle, & leur ostent tous leurs moyens & bestail.
Ie ne laisseray pas pourtant de vous en faire voir le dessein.

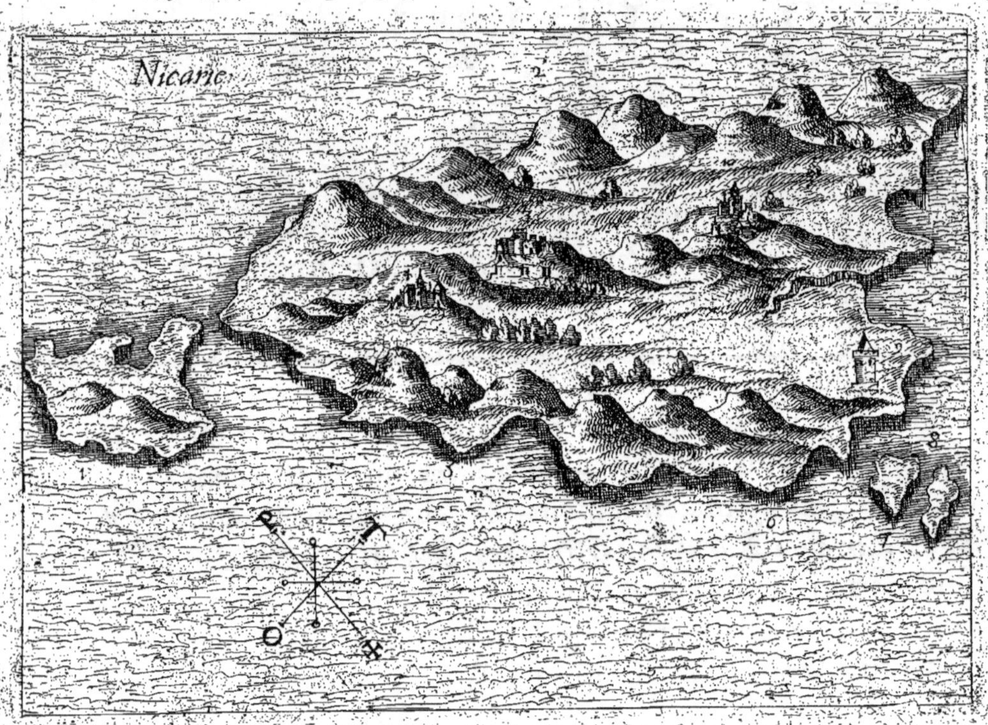

1. Demoniara.	7. Iardins.	13. Temple de Fochio.
2. Calamo.	8. Chasteau de Calamo.	14. Temple.
3. Port de Ganiera.	9. Temple de Iuno.	15. Petite Pointe.
4. Paule Emil.	10. Colosse.	16. Limence.
5. Destroy dimbraso.	11. Ramo.	
6. Cap de Premontoir.	12. Estueils.	

Ayant laissé la susdicte Isle a main gauche, nous vismes a
nostre main droicte celle de *Nicarie,* appellée du passé *Do-*
liche, Machry, & *Ytthosa,* celebre pour la cheute *d'Icare,* lequel volant de *Candie* auec son Pere *Dedalus* & s'approchãt trop pres du Soleil, ses aisles fondirent & tõba dedans
ceste

ceſte Mer, & ainſi demeura ſon nom a l'Iſle, laquelle encor
quelle ſoit môtaigneuſe, ne laiſſe d'auoir d'aſſez bon paſtu-
rage. Quand les Mariniers paſſent deuant icelle, & qu'ils
y voyent quelque nuées, ils tiennêt cela pour vn ſigne de
quelque future tourmente, & pour cela font force de voiles, pour gaigner quelque port ailleurs, d'autant qu'icy il ny
en a point côme vous pourrez vous meſme recognoiſtre
par le pourtraiĉt de toute l'Iſle.

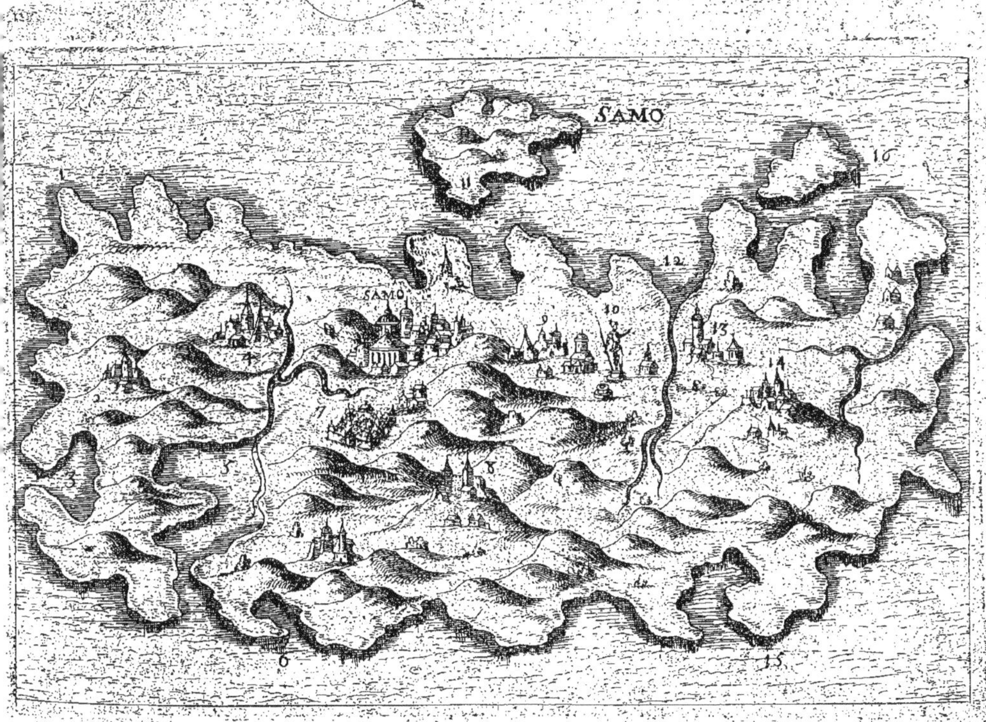

1. Iſle de Stapodia	5. Capes du coſte de Lanſte	9. Tour de la garde.
2. Montagnes fort hautes.	6. Cape des grotes.	10. Ytthoſa.
3. Macry.	7. Fornelli.	
4. Doliche.	8. Fanty	

Plus

Plus auant a main droicte nous veismes l'Isle de *Patino*
autrement appellée *Palmosa*, & anciennement *Pathmos*,
ayant cinquante mils de tour , habitée des *Turcs* & des
Grecs. C'est icy que S. *Iean* l'Euangeliste relegué en exil par
l'Empereur *Domitian* fist son *Apocalipse*. Il y a vn Monaf-
tere de Religieux Grecs appellez *Caloiers*, & est dedié audict *Euangeliste.* Il s'y garde vne main d'vn corps Sainct, a
laquelle comme a celle d'vn hôme viuant, les ongles croif-
fent, & reuiennent aussi souuent qu'on les couppe.   Les
Turcs disent que cest la main d'vn de leurs *Prophetes*. Mais
les *Grecs* croyent, que cest celle du susdict *sainct Iean.*

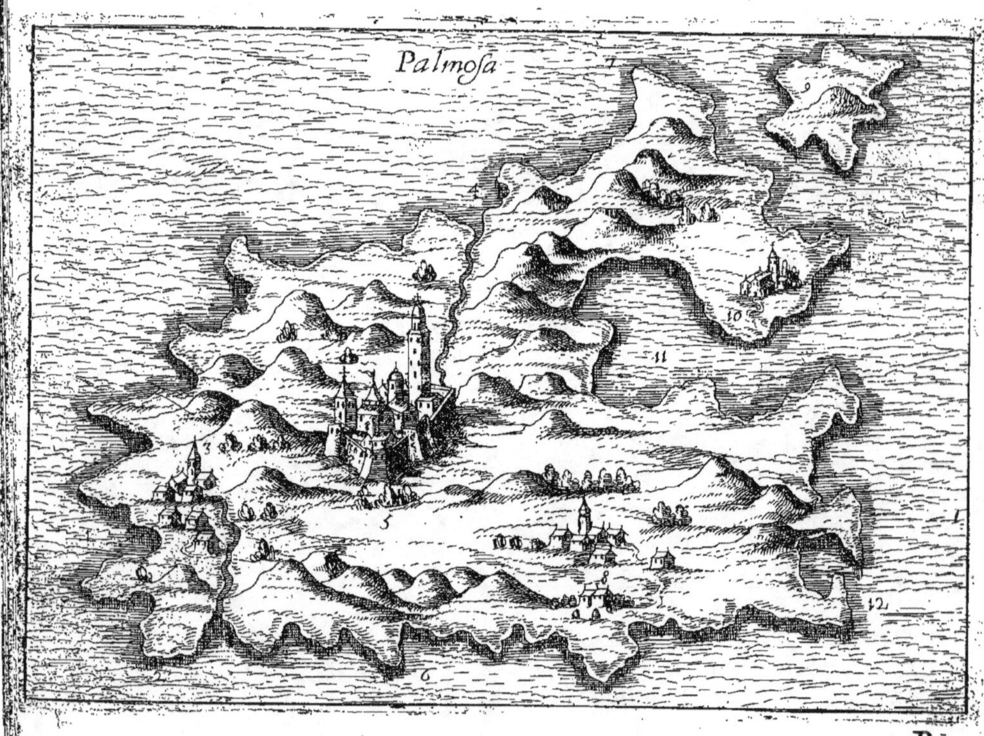

1.*Beau*

PARTIE 31

1 *Beau Premontoir.*
2 *Cap Sehiso-*
3 *Pasamesa.*
4 *Fleuue Sainct.*
5. *Monastere de S. Iehan Apoc*
6. *Cap de Premontoir.*
7. *Asbre Premontoir.*
8. *Calrieri.*
9. *Gandura.*
10. *S. Marie.*
11. *Port de Domitian.*
12. *Pointe dure.*

Continuant nostre routte nous laissames encor a main droicte l'Isle de *Pero*, fort montagneuse mais habitee, y ayant vn beau Chasteau a l'opposite de ceste ville, a main gauche est le golfe de *Palata*, pres estoit anciennement la ville d'*Ephese*, ou lon croit que souuent nommé *sainct Iean* l'Euangeliste a eu sa sepulture. *Isle de Lero.*

Le Soleil nous voulant quitter a cest endroict, & les mariniers sçachant que la a l'entour y auoit quantité d'escueils & vn banc de sable, entretindrent nostre vaisseau toute la nuict sur les voltes, mais aussi tost que le iour vint nous tirasmes pays & descouurismes l'isle de *Stancho* ainsi appellée des *Turcs* qui l'habitent, vous en verrez le pourtraict de l'Isle representée en la page suiuante.

Son nom ancien estoit *Coo* & depuis *Lango*, d'ou sont sortis deux des plus rares personnages qui furent oncque, le premier *Hypocrates* prince des Medecins, l'autre excellent peintre *Apelles*, tant renommé par l'antiquité, outre cela est si abondante en figues, Citrons oranges, & vins excellents, & a vne petite Coline deuers la Maritime fort plaisante & aggreable sur laquelle y a vn chasteau fortifié de bonnes tours & fossez, ou les *Turcs* tiennent bonnes garnisons, principalement depuis qu'il faillist a estre prins par les Cheualiers de *Malte*, lesquels s'acheminans au butin du Bourg donnerent loisir aux ennemis de se rallier, & & de les repousser. *L'Isle de Lango d'ou estoit Hippocrate & Apelles.*

L   Ce lieu

Ce lieu eſt accompagné de pluſieurs beaux iardins, ou ſe
ſomment tant de belles plantes & des belles fleures ſi
odoriferentes, qu'en *l'Arabie* bien heureuſe ne s'en recou-
urent de plus excellentes. A quinze mils du chaſteau &
Bourg ſuſdict appellé du nom de l'Isle y a vn autre Bourg
plus grand que celuy y nommé *Harranges.*

　　De la nous paſſaſmes vn *Cap* de la *Caramanie,* fort aduan-
cé en la Mer, au bout duquel eſtoit anciennement la ville
de *Nidus.* Ses ruiues & les Colomnes qui ſi trouuent auec
vn *Amphiteatre* encor aſſez entier, & vn Temple de *Venus*
ou ſe voit la ſtatue, monſtre bien qu'elle eſtoit par autres fois
grande

Ville de
Nidus

grande & magnificque.

Ayant doublé de *Cap*, nous veifmes la tant renõmée Isle de *Rhodes*, ainfi appellee, parce qu'en y batiffant la ville l'on trouua vne Rofe qu'on appelle en Grec *Rhodos* elle a eu enciennement plufieur noms cõme *Ophinafa, Afteria, Ætheræa, Fiula, Arabia, Itharaea, Scandia, Telchine, & Achiroma.*

Elle a cent trente mil de tour, fertile temperée & abõdante en toute forte de biens, & plus qu'aucune Isle de *l'Archipelago*. La Ville a mefme nom que l'Isle, & eft fort munie de deux bons ports, l'vn pour les Naues, l'autre pour les Galeres. Le premier eft bien affeuré ayant a l'vn des bout de fon mole vne tour pour la deffendre, & l'autre a fon entrée affez large la eft la tour furnommée de fainct Iean. Celuy des Galeres a pour deffence vn bon Baftion fur l'entrée, lequel eft ferme' d'vne chaifne de fer, y reftant feulement place pour y paffer, & entrer vne Galere, mais au dedans en peut contenir iufques a foixante.

Ceft fur l'emboucheure de ce port qu'eftoit anciennemẽt ce grand *Coloffe*, qui l'eniamboit de part & d'autre, & eftoit fi haut qu'vn vaiffeau y pouuoit paffer a pleines voiles. Sa grãdeur (cõptée par autresfois entre les fept miracles du mõde) eft fi memorable, quil donna nom aux habitans de la ville qu'on appelloit a cefte caufe *Colloffés* aufquels efcriuit s. Paul

Sa haulteur eftoit de feptante braffées, tout de bronfe ayant, oultre cela en fon eftomach vn miroir fi grand, que les vaiffeaux arriuants *d'Egypte* fe voyoient tous entiers la dedans. Ceft œuure fuft dedie'a *Phœbus*, que les Poëtes feignoient auoir fort ayme.' Ceft Isle & de faict il ne fi paffe aucune iournée que le *Soleil* ny luyfa.

Defcription de Rhodes

Coloffe

L ij   Il fuft

Il fut faiⅽt par *Canet Lindus*, diſciple de *Leuſippus* : & quelque temps apres par vn grand tremblement de terre tomba & tout le metail en fut depuis tranſporté a *Conſtantinople*.

La ville eſt aſſiſe a la poinⅽte de l'Iſle & ſur le pendant de la montaigne, quaſi ronde ayant trois foſſez & autant de murailles, auec quelques Baſtions & Torrions tout a l'entour.

Bon air à Rhodes.　Elle a eſté anciennement fort eſtimée, tant pour la ſalubrité de ſon air, que de la fertilité de la terre, & ſe treuue aux hiſtoires que l'Empereur *Tybere* y fiſt ſeiour quelques années, comme en lieu plain de delices & repos. Et depuis la foy Chreſtienne y eſtant plantée, elle demeura long téps en ſa ſplendeur, iuſques a ce que *Mathnam Roy Sarraſin* s'en ſaiſit du temps de l'Empereur *Conſtant*, mais les *Cheualiers* de *Saint Iean* de Ieruſalem la conquirent par force *Perte de Rhodes.*　d'armes ſur les *Sarraſins* l'An 1300. & en demeurerent poſſeſſeurs paiſibles, iuſques a ce que *Sultan Soliman*, leur oſta l'An Mil cinq cens vingt deux, le iour de S. *Iean* Baptiſte *Patron* de leur ordre, apres l'auoir tenue aſſiegée l'eſpace de ſix mois, auec vne armée de deux cent mils hommes & trente Galéres. Qui voudra voir les particularitez de ce ſiege & les proüeſſes qui firent les Cheualiers liſe les hiſtoires eſcrites ſur ce ſubieⅽt, ſuffiſe de dire icy, qu'ils en ſortirent auec compoſition, & furent quelque temps depuis ſans retraicte, iuſque a ce que *Charles Quint* leur donna l'Iſle de *Malte*, ou ils ſe tiennent a ceſt heure.

Au demeurant la ville eſt tout de meſme qu'elle eſtoit alors ſe voyant encor les Pallais, Iardins, Inſcriptions &

autres

autres memoires des Cheualiers. Mais elle n'est habitée
que du *Turc*, encor que dedans l'Isle il y ait beaucoup de
Grecs, que pour leur seureté ils ne laissent entrer que de
iour dans la ville; les *Turcs* tenant ceste forteresse & celle de
Famagouste pour les meilleurs Boullouarts de leur Estat. La
beauté de la ville merite bien d'estre vn peu regardée.

Laissant ceste Isle nous passasmes sur le *Golfe* autresfois
appellé *Satalico* & *Panphilico*, a cause qu'il baigne la coste
de *Pamphilie*, long de trois cens mils, lequel estoit anciennement fort dangereux, & ny pouuoit on passer sans peril
de la vie, y ayant mesme vn Monstre, qui faisoit perir les
vaisseaux

Golfe de
Satalie.

vaiſſeaux.　Mais l'on dict que *Saincte Helene* retournant de *Ieruſalem* , y ietta vn des Cloux de *Noſtre Sei-*
gneur & rendit par ce moyen ce Golfe plus paiſible & plus
aſſeuré.　L'on l'appelle auiourd'huy *Golfe de Sattalie*
a cauſe d'vne ville appellée de ſon nom, & aſſiſe au bout
d'iceluy a deux cents cinquante mils de *Rhodes*, Monſieur
de *Breues* Ambaſſadeur du *Roy* , auec lequel ieſtois, nous
fiſt aborder pour certaines affaires a ladicte Ville, qui eſt
aſſez forte & ancienne, mais bien plaiſante a cauſe de
pluſieurs fontaines & ruiſſeaux, qui paſſent par la Ville,
& auſſi beaucoup de iardins pleins de Citrons & d'Oranges : elle eſt gardée la plus part des *Grecs*, les *Turcs* les
ayant faict exempts de tribut, afin qu'ils vacaſſent a la con-
ſeruation d'icelles.

Il y a dauantage vne eſchelle pour les *François* qui y ont
leur *Conſul* & viennent icy pour charger des Cuirs & des
Tappis de *Caramanie*.　Les armoiries chargees de Croix,
qu'on voit ſur pluſieurs portes, monſtre qu'elle a eſté par
autresfois aux *Chreſtiens* , & ce que ie nay pas voulu paſſer ſoub ſilence, eſt que ſur vne porte, il ſe veoit vn eſ-
cuſſon auec vne Croix de *Ieruſalem* & trois Allerions.

A quinze mils d'icy nous paſſaſmes deuant la poincte
de l'Isle de *Cypre* que les Mariniers appellent *Piphanie*,
& coſtoyans ceſte Isle , nous paſſaſmes deuant la Ville de

Baffo anciennement nommée *Paphos*, a ceſte heure bien
ruinée.　Son aſſiette eſt du coſté de la Mer & pres du port
& ſur vne fertile & agreable Colline ou ſe trouuent des di-
amants quaſi auſſi beaux que les fins.

En

En ceſte Ville *Sainct Paul* fut lié allant a *Ieruſalem*, comme on peut veoir aux actes des *Apoſtres*, & les hiſtoires des Payens nous teſmoignent, que la Deeſſe *Venus*, comme Royne de ladicte Iſle, tenoit ſon ſiege Royal & le premier Temple qui fut conſacré a ſon nom, fuſt en ce lieu, ou les hommes & femmes luy ſacrifioient tous nuds : mais a la priere de l'Apoſtre *Sainct Barnabe* natif de ceſte Isle & le Temple & l'Idole de ladicte Dame tomberent & renuerſerent enſemble. L'vn la ſurnommoit anciennement Deeſſe *Cyprine*, a cauſe de l'Isle, & *Paphienne*, a cauſe de ce Temple.

Venus Royne de Cypre.

A vn mil d'icy ſont les grottes ou l'on dict que les *ſept Dormans* dormirent plus de trois cens ans ſans ſe reſueiller. Mais auant que paſſer outre aux particularitez de ceſte Isle il me ſemble neceſſaire de la vous deſcrire premierement en gros. Ses noms anciens eſtoient *Caraſtoni*, *Achamatide*, *Spelia*, *Amatuſa*, & *Macharia* ceſt a dire heureuſe. Et ſon pourtraict eſt tel que le voyés.

Grote des ſept dormans.

1. *Cap de Phitoni.*	7. *Cap de Bonandri.*	13. *Limiso.*
2. *Fontaine amoureuse*	8. *Carpasso.*	14. *Cap des Chats.*
3. *Riuiere de Polli.*	9. *Famagouste.*	15. *Baffo.*
4. *Riuiere de Morfu.*	10. *Cap Greque.*	16. *Nicossie.*
5. *Cap de Cornar.*	11. *Salines.*	
6. *Cap de Macari.*	12. *Riuiere de Tesio.*	

Sa longueur est de deux cens mils, sa largeur de cent soixante cinq, & son tour de cinq cens cinquante, & est bié fertile en toutes sortes de bled, Oliuiers, Orangiers, Cytron-
niers, Carobiers, Capres, Selz, Cottons & autres choses ne-
cessaires. Elle fust fort long temps soubs la domination des
Roys, & particulieremét de la maison de *Lusignan*, iusques a
ce que la derniere Royne de la maison des *Cornars*, la dóna
apres

apres la mort de son mary aux *Veniciens*, ausquels elle a esté
ostée par les *Turcs*, l'an mil cincq cens septante; Alors elle
estoit toute habitée, mais a ceste heure elle est fort despeu-
plée encor qu'elle raporte tous les ans, trois cens mil escus
au *grand Seigneur*, qui prend la cinquiesme du reuenu de
l'Isle. Ses Villes capitales sont *Nicosie* & *Famaguste* la premiere est enuiron trente mils en terre quasi ronde & fortifiée de bons bastions, & le lieu de la demeure du *Bacha*,
de l'Isle, & du *Consul* des francques, Voicy comme elle est
faicte.

M   La

Descripti on de la Ville de Famagu ste.

Capo delle Gatte.

Adreße remarquable des chats.

Limiso.

Facilité de faire du Sel.

La seconde est beaucoup plus forte ayant vn port qui n'en nest pas trop loing auquel toutesfois ny peuuent entrer, que des petits Vaisseaux, & ainsy sont tous les ports de ceste Isle hors mis quelques Plages comme a *l'Ampso*, & aux *Salines.*

Mais retournons a la continuation de nostre voyage de *Baffo.* Suiuant la coste nous passasmes le *Capo Bianco* ainsi nommé a cause de sa blancheur; & puis le *Capo delle Gatte,* qui est la poincte d'vne tres belle & riche plaine fort aduancée dans la Mer, qui a esté ainsi surnommée a cause de certains Chats, de l'Abbaye de *Sainst Nicolas,* qui est la aupres qu'on dict auoir esté dresses, a prendre des Serpens dõt y auoit bon nombre a l'entour & estoient si bien instruicts qu'ils retournoyent au son d'vne cloche. A ceste heure il n'y en a plus. Mais dans ladicte Eglise se tiennent des *Caloyeres* ou Moines *Grecs.* De ce lieu nous tirasmes a *Limiso,* ou il y a vne petite forteresse & fort bons pays a l'entour C'est icy qu'estoit par autresfois l'Eschelle ou les Vaisseaux venoient charger le cotton & autres marchandises de l'Isle, mais a ceste heure, l'on va a cinquante mils plus auant au lieu appelle les Salines, ainsi surnommé a cause d'vn petit Lac d'enuiron trois mils de tour qui est aupres. Ceste chose remarquable qu'icy le Sel, vient sans main mettre, car de soymesme & sans aulcun autre ayde que du Ciel, il se cuit & se congele, & en recueille on tous les Ans au Mois d'Aoust, iusques a la charge de trente quatre grands Vaisseaux.

Dans le susdict Bourg se tiennent plusieurs Marchands *Flamans,* & y a vne Eglise desseruie a la *Romaine* par trois Moines qui despendent de *Ierusalem,* il y a aussi d'autres
Eglise

Eglifes ou il y a des *Caloiers Grecs* & particulierement y'a
vne Chapelle, qui eſt auſdits Religieux entre le Bourg & la
Marine, ou ils monſtrent vn trou qu'on diĉt eſtre la Sepulture du *Laʒare*.

   A huiĉt mils d'icy tirant en terre, eſt le tant renommé &
celebré Mont *d'Olympe*, auiourd'huy ſurnõme de *la Croix*,
par ce que l'on diĉt que *Sainĉte Helenne* venant de *Ieruſalem*
fuſt contrainĉte a cauſe du mauuais temps, de mettre pied a
terre, & s'eſtant retiré pres de ladiĉte montaigne, elle s'en-
dormiſt, la teſte ſur la Croix de noſtre Seigneur, qu'elle ne
quittoit iamais ; Arriua ce pendant, que ladiĉte Croix fuſt
tranſportée au hault de ce Mont, & que la Sainĉte s'eſueil-
lant la deſſus, & ne trouuant plus ceſte ſi precieuſe Relic-
que, entra en vne merueilleuſe triſteſſe, ne ſchachant pas ou
la recouurir. Qu'en fin cherchant par tout, elle vient ſur ladiĉte Montaigne & retrouua ce qu'elle aymoit tant, & iu-
geant par ceſte accident, que noſtre Seigneur vouloit eſtre
adoré en ce lieu la, elle y fiſt baſtir vne Egliſe, en y laißãt vne
piece de la vraye Croix, laquelle ſe garde auec beaucoup de
reuerence en la meſme Egliſe, qu'eſt deſeruie par des Preſtres *Grecs*.

   Continuons a ceſte heure noſtre voyage & paſſons au
Capo de Greco derrier lequel eſt ſitué la Ville de *Famaguſte*,
nommé cy deſſus, & deſſeigne ça bas entre laquelle & la
Marine eſt le lieu, ou fuſt decapitée *Sainĉte Catherine*, & la
priſon de ſon Pere.

Sepul-
chre du
Laʒare

Mont
d'Olympe

Miracle
de la S.
Croix

M ij

D'icy nous paſſaſmes le *Cap* de *Sainct André*, le plus ad-
uancé de toute l'Isle, lequel laiſſant a main gauche, & paſſant la Mer, nous arriuaſmes a *Tripoli* le vingtieme de Iuin.

    Auant que vous parler des particularitez de ceſte Ville,
il me ſemble n'eſtre hors de propos que ie faſſe premierement vn peu le *Coſmographe* afin que vous cognoiſſiez
plus ayſement la contrée de ladicte Ville, & autres lieux,
Diuiſion que nous deſcrirõs cy apres. La *Syrie* eſt diuiſée en pluſieurs
de la Sy- parties, ſcauoir en *Capadoce*, *Meſopotamie*, le pays de *Da-*
rie. *mas* & d'*Antioche*, la *Phenice* & la *Paleſtine* ou terre *Saincte*.
La *Capadoce* eſt celle, qui contient le *Mont Taurus*, les
peuples

peuples duquel sont *Chrestiens* & s'appellent *Armeniens*.

La *Mesopotamie*, est enuironnée de deux grands fleuues, le *Tigre* & *l'Eufrate*, & est le pays ou *Abraham*, a demeuré fort long temps *Damasco*, est la patrie de *Sainct Iob*.

Le pays d'*Anthioche* confine auec la *Cilicie*, dont la ville principale s'appelle de mesme en laquelle les premiers fideles prindrent le nom de *Chrestiens*, & ou *Sainct Pierre* Vicaire de *Iesus-Christ* establit premierement son siege auant qu'il allast a *Rome*. *Sainct Hierosme* dit, que long temps auparauant elle s'appelloit *Hemal*, mais de toutes les Prouinces susdictes, les principales, sont, la *Phenice* & la *Palestine*. Dont la premiere s'estend du fleuue de *Valonne* iusques a l'entrée du fleuue *Chorsco* & *Cison* iusques au Mont de *Carmele*, & contient plusieurs Villes Maritimes comme *Tolemaide*, *Tyre*, *Sarepta*, *Sidon*, *Barut & Tripoli*, laquelle nous commencerons a d'escrire, apres vous auoir réprésenté la Ville de Tripoly.

*Defcripti
on de la
Ville de
Tripoli.*

  Cefte Ville donc, qui eſt aſſiſe en la *Sirie Phenicienne*, eſt
appellée en arabe *Taraboulonc* & communement *Tripoli a*
cauſe qu'il y auoit du paſſe trois ville, l'vne vèrs la môtaigne
ou l'on ne veoit guerre de veſtige: la ſeconde eſtoit vers la
Marinne de deux coſtez de la Mer, & du coſté de *Capapouge*
& de celuy ou eſtoit le Mole, elle eſt enfermée d'vne eſpoiſ-
ſe muraille & de pluſieurs Tours, n'eſtans commandées
de nulle part. Mais auiourd'huy tout cela ne ſont que ruynes, par leſquelles on peut aiſement veoir, que ca eſté vne
belle & bonne place.

  La troiſieme, eſtoit au meſme lieu, ou eſt celle de
preſent

preſent eſlongnée de la Marine d'vn mil aſſiſe ſur le bras
d'vne petite Coline y paſſant par le milieu vne riuiere, qui
vient du *Mont Liban* appellée le *Fleuue Sainct*, aupres duquel eſt le Chaſteau de la Ville, enuironné de bonne muraille.

La Ville eſt habitée la plus part des *Mores, Grecs, Chre-*
ſtiens, Iuifs & Maronites, s'eſtant retires du *Mont Liban*
en ce lieu. Elle n'eſt enfermée ny de murailles, ny de foſſez,
encor qu'il y ait des portes, car les maiſons attachées les vnes
aux autres ſeruent de murailles, & ne ſont ſeparées qu'a
l'endroict des portes: Les rues y ſont eſtroictes & les maiſons faictes en plattes formes. Il y a bons nombre de
belles & anciennes Egliſes deſquelles les *Turcs* ſe ſeruent
pour *Moſquees*, ou ſont encor demeurées, les cloches des
Chreſtiens.

Elle eſtoit anciennement ſi forte & puiſſante, que *Ray-*
mond Comte de Thoulouſe la tiét aſſiegée, vn bien long téps
& ne la pouuant prendre, pour la blocquer & incommoder
fiſt baſtir vn chaſteau pres d'icelle appellé le *Mont Pelerin*,
ou il deceda l'an 1105. Mais quattre ans apres *Baudouin 2.*
Roy de *Ieruſalem* auec *Bertran* fils dudict *Comte Raymond*,
& quelques Galeres *Geneuoiſes* l'aſſiega eſtroictement & la
print par compoſition le x.ᵉ Iuin 1109. Depuis fuſt erigée en
Comté fort riche & opulente, comprenant les Villes de
Bible, *Autarade*, & *Aſque*, dont le *Comte* faiſoit
hommage au *Roy de Ieruſalem*. Ceſte Prouince en laquelle ſe leuoit grand nombre de Soldats florit long temps
iuſquea ce que *Raimond* dernier Comte de *Tripoli* aueu-
glé de haine qu'il auoit conceu contre le *Roy de Ieruſalem*.

Tripoli
Comté.

s'allia

s'allia auec *Saladin*, & causa la perte de la *Terre Saincte*, par
vne abominable trahison, dont peu apres il fut miserable-
ment occis.

*bien mar-
chande.*

Les *Francques* y ont auiourd'huy vn consul, & deux maisons ou *fondicques*; ou les marchants logent venants icy. Les
Veniciens en ont aussi vn & dans leur *fondique* y a vne Chapelle, qu'ils font desseruir par des Prestres.　　Les *Anglois* y
ont pareillement vn autre *fondique*. La porte de ceste Ville
a esté enfermee autresfois, cõme on peut veoir par les ruynes du Mole, qui est tout rompu, & outre cela la plage n'est
pas trop asseurée, tellement que les Vaisseaux se tiennent
deux ou trois mils en Mer. Pres du port sont les magasins
des *Turcs, Francques & Venitiens*, ausquels ils retirent leurs
marchandises pour les charger puis apres sur la Mer. Ceste
eschelle est abondante en Soyes, Cotton, & autres marchã-
difes. Les habitans y ont planté des Meuriers au lieu de Cy-
tronniers & Orangiers qui estoient auparauant dans la
plaine, chose qui sert de grand profict a la Ville. Autour de
la Marine y a sept fortes & grosses Tours, chargées de Canons pour deschasser les Fustes & les Corsaires, & outre cela

*Tour d'a-
mour.*

il y en a vne autre surnommée la *Tour d' Amour*, qu'vn *Veni-
tien* trouué auec vne *Turcque* & pour ce crime condampnè
a la mort, fist bastir a ses frais pour se rachepter la vie.

Il se trouue aussi en ces quartiers grande quantité d'vne
certaine herbe que les Mores & les Arabes reduisent en
cendre appellee *Sonde*, & l'enuoyent puis apres a Venise,
desquelles on faict des verres de christalin & du sauon. Il ne
faut pas oublier icy deux Montagnes de sable qui se font
faictes hors de la Ville, & augmentent tous les iours, ayant

desia

defia occupé plufieurs iardins & maifons.

Apres auoir feiourné quafi cinq iours, nous feifmes def-
feing de veoir le *Mont Liban*, pour ou aller no us paffafmes
premierement au bout du Pont (que le vulgaire ignorant
dict auoir efté bafty, par *Roland*) qui eft enuiron a quatre
mils de *Tripoli*. Dela ayant paffe' vne belle & fertile plaine,
nous commenceafmes a monter ladicte Montaigne laquelle eft fi haulte, qu'en tout temps il fi veoit de la neige,
ne laiffant pour cela de rapporter de bon vins & froment.

Elle eft habitèe tout entierement de *Chreftiens Maro-*   Defcripti
nites, recognoiffant le *Sainct Siege* de Rome, lefquels payent   on du mõt
annuellemént douze mils Sequins au *grand Seigneur*, fans   Liban.
lequel tribut ils feroient fort a leur ayfe, mais a caufe de cela & qu'il faut qu'ils payent par aduance ils font incommo-
dés eftans contraincts de vendre leurs foyes hors de faifon
& a la moitie de leur valeur pour auoir argent contant.

Ils ont pour chef vn *Patriarche* qui a foub luy quatre   *Patriar-*
Archeuefques & deux *Euefques*, & a iurifdiction fur tous   *che du*
les Villages & Chafteaux, de la montaigne.   Lequel peut   *Mont Li-*
mettre fur pieds iufques a *vingt trois mils hommes*, pour fai-   *ban.*
re la guerre.   *Sa puif-*
    fance.

Nous eftant defireux de veoir la demeure dudit Prelat,
prifmes beaucoup de peine de paffer par les rochers, &
apres auoir faict quafi trente mils, nous arriuafmes, non pas
a vn Palais, mais a vne petite maifon taillée dans le Roc, &
vne petite Eglife aupres ou nous fufmes bié receus du *Pa-*
triarche & luy vifmes celebrer la *Meffe* en langue *Caldee*   *Cereme-*
auec ceremonies quafi femblables aux noftres, hors mis   *nie, adire*
qu'apres auoir leue' le Corps de *Noftre Seigneur*, il le par-   *fa Meffe.*

N   tage

tage en trois pieces. De l'vne il en communie vn des *Euef-*
ques, la seconde, il en faict deux parts & communie l'autre
Euesque & vn sien *Religieux,* la troisiesme il la prend pour
soy. Ces Prestres & tous les autres Religieux de la Montaigne viuent fort austerement s'abstenants de chairs &
d'œufs & faisant tous les Ans deux ou trois *Caresmes.* Nous
sesiournasmes vn iour en ceste maison & puis apres ledict
Patriarche nous voulut mener luy mesme a 15 mils dela
pour nous monstrer 23 Cedres, quil nous asseura estre la du
temps de *Salomon,* lors que le *Roy Hirame,* luy en enuoya si
grande quantité en *Ierusalem* pour bastir son Téple, & nous
dit dauātage que de ceux la mesme, il en estoit resté vne piece, de laquelle auoit esté faicte, vne partie de la Croix de *No-*
stre Seigneur comme il sera dict autrepart. Apres nous auoir
conté tous cela nous prismes congé de luy & vismes encor
plusieurs autres Monasteres, ou il y a des cloches, chose rare
en ce pays & des Religieux, qui viuét austerement ieusnants
quasi tousiours auec beaucoup de deuotió, & trauaillants &
cultiuants eux mesmes leurs terres, & leurs iardins.

    Ie vous veux faire part, d'vne remarquable histoire qui est
arriué il y a quelques annees en ceste Montagne vne fille
fort deuote, ayant enuie de seruir Dieu & ne trouuāt aucun
Monastere de femme pour s'y mettre, prit secrettemét l'ha-
bit d'hôme & s'alla rendre parmy les Moynes d'vne Abbaye
nommée *S. Sabine* ou elle vesqu'vst incognue & côme les autres Arriua que la Fille du Musnier du Couuét fut engrossée,
& fut ceste bonne fille accusée par vne meschante femme
d'auoir cômis ce delict. Et pour cela fut chassée du *Patriar-*
che & releguée a vne grotte, ou elle vescust fort long temps
supportant

fupportant patiemment cefte honte , & diſſimulant fon ſexe iufques a la mort.   Ou eſtant aſſemblez les Religieux pour la mettre en terre recogneurent en meſme temps la faulceté de ſon accuſation, & la verité de ſon ſexe. Et pour ces raiſons & la vie qu'elle auoit menée fuſt reputée ſainɗe. Ceſte grotte eſt a preſent ſerrée, & eſt le lieu ou ſont enter-rez tous les *Patriarches*.

De ce lieu nous retournaſmes par des belles campagnes a *Tripoli*, ou nous commenceaſmes a prendre conſeil quel chemin nous debuons pluſtoſt prendre pour aller a *Jaffa*, celuy de Mer ou de Terre : ceſtuy cy eſtoit deſirable, par ce que ſus terre l'on eſt ordinairement mieux accommodé. Et que nous euſſions veu la belle Ville de *Damas*, auec plu-ſieurs autres lieux memorables. Mais auſſi pour lors, il fai-ſoit force dangereux a cauſe d'vne querelle ſuruenue, entre les *Bacha d'Alep*, & celuy de *Damas*, qui auoient deſia mis forts gens de guerre de part & d'autre en campagne. Quand au chemin de Mer, il n'eſtoit exempt d'incõmoditez, par ce que voulant tirer a *Iaffa* qui nous eſtoit au midy nous auions les vents de *Lebeche* directement contraires, qui ont accou-ſtumez courir touſiours en ceſte contrée depuis le *Mois de May* iufques au quinzieſme *d'Aouſt*. Et en fin nous choiſiſ-mes pour moindre mal d'aller par Mer , eſperant de nous ſeruir la nuiɗ des vents de terre partiſmes le huiɗieſme de Iuillet de Tripoli, & euſmes aſſez bon vent iufques a *Barut* qui eſt a cinquante mil de la.

Ceſt Ville fuſt anciénemét appellée *Beriché*, a cauſe de l'Ido-le Bery, que les habitãs de la adoroient, ceſte Ville eſt en fort

Ville de Barut.

N i j   belle

belle & aggreable assiette, & assez forte, s'estant maintenue
plusieurs fois contre ses ennemys , specialement contre
Baudouin Roy de Ierusalem, lequel apres vn long siege ne
l'eust emporté sans le secours du *Comte de Tripoli*, & d'autres Chrestiens. Il y a vne petite Chapelle, la dedans bastie
en vn lieu, ou il est arriué vn grand Miracle. Cest que des
meschans Iuifs flagellerent l'Image de *Nostre Seigneur*, qui
ietta vne grande abondance de sang. Le Chasteau qu'on
veoit de loin est sur vne Montagne, basty par le Saniac de
Barut, fils du Bacha de Tripoli.

Non guerre loing d'icelle & entre deux Montaignes, sort
vne Riuiere que tombe a la Mer sur laquelle y a vne arcade
fort remarquable pour sa haulteur , & que l'on dict auoir
esté bastie par nostre premier Pere *Adam*, & vn peu plus
auant en terre, est le lieu ou *Sainct George tua le Dragon*,
pour deliurer la fille du *Roy de Barut*, & aussi la cauerne ou
demeuroit ledict Monstre.

De *Barut* , nous taschions de passer oultre, mais nous
trouuasmes les courans si grands , que nous fusmes contraincts de quitter nostre chemin, & reprendre la volte en
Cypre iusques aux *Salines*, & de la iusques a *Lymiso* , par ce
que nostre Pilote disoit, qu'il failloit pour aller a *Iaffa*, prendre deux Quartes sobrement: Mais encor que nous les eus-
sions prins, nous ne sceusmes pourtant arriuer qu'a *Caifa*,
qui est vne Ville toute ruinée, y ayant fort peu de maisons,
les *Arabes* se retirans tous a la Montaigne. Ce sont gens
soudain aux alarmes, & diligens, aussi tost qu'ils appercoiuét
quelque Vaisseau, ils courent tous a la Marine, pour le re-
cognoistre: Et de faict quád nous voulusmes mettre nostre
barcque

Miracle
arriué a
Barut,

Lieu ou
S. George
tua le Dra-
gon.

Ville de
Caifa.

barcque en terre, il s'en trouua plus de deux cents a Cheual
& autant a pied, qui nous attendoient.

Estants donc descendus, en ce lieu attendant le bon vent
nous voulusmes, aller a *Sainct Iean d'Acria*, & vismes sur le
chemin dans vne plaine, les ruines de la Ville *Cephorus* patrie de *Ioachim*, Pere de la *Vierge Marie*, pres delaquelle
le Torrent de *Sison*, entre en la Mer, & dela nous arriuasmes
en l'ancienne Ville de *Ptolemaide ou Accon*, appellée auiourd'huy *S. Iehan d'Acria*, habitée des *Mores* & *Drufes*,
qui sont quelque peu differents en creance des *Mores*, car
ils mangent de la chair de Porc.

Ceste Ville estoit anciennement appellée *Ptolemaide*,
ou *Accon*, a cause qu'elle fust fermée de fortes murailles, par
deux freres Germains, appelles *Ptolemee*, & *Accon*, & est
aussi nommée *Acre*. Elle fut assiegée par *Baudouin* se-
con Roy de *Ierusalem*, par deux fois. La premiere qui fust
l'An 1103, Il ne la peut prendre, a faute d'armée nauale,
mais l'année d'apres secouru des Galleres Geneuoises, il
l'assiega si valleureusement, qu'il la print au Mois de Iuin, de
l'année 1104. Elle estoit alors tres belle & forte, ayant vn
beau & grand Port, & maintenant en retient quelque reste,
estant plus longue que large, garnie de bonnes murailles,
fossez, & fortes tours, estant restée la plus entiere de toutes
les Villes de la *Terre Saincte*, & de *Phenicie*. Il y a aussi vn affez beau Port, commode a toute sorte de Vaisseaux. C'est aux
plaines de ceste Ville que *Foucques* Roy de *Ierusalem*, courant vn Lieure, tomba de Cheual & se rompit le Col.

D'icy, nous retournasmes a nostre Ville de *Caifa*, & deux
iours apres, reprinsmes la Mer, auec vn petit vent de terre,

& paf-

Cap de Carmel. & paſſaſmes au Cap de *Carmel*, qui eſt vne haulte Montaigne, auancant en la Mer, ſur laquelle ſe veoit le reſte d'vne Egliſe, deſdiée a la Vierge Marie, qui paroiſt comme vn *Lieu ou le Prophete Elie fiſt ſa priere.* Chaſteau, ayant pres d'icelle vne grotte, ou le Prophete *Elye* eſtant perſecuté, demeura quelque temps, & ou il fiſt la priere a Dieu, qu'il vouluſt faire plouuoir, la famine ayant eſté ſept ans ſur terre. Tout au plus hault du Mont, ledict Prophete fiſt baſtir deux Autels, luy ſacrifiant ſur l'vn, & les faulx Prophetes ſur l'autre, comme on peut veoir par la *Origine des Carmes.* ſainčte Eſcriture. Ceſt icy que la Religion des *Carmes* a prins ſon origine.

Paſſé ce Cap nous arriuaſmes deuant le *Chaſteau Pelegrin* ou il y auoit iadis vn Monaſtere de *Carmes*, qui receuoient les Pelerins, allants a *Ieruſalem*. Le lieu eſt preſque tout enuironné de Mer, en forme quarrée ayant des tours aux quatre coings, a ceſte heure il eſt tout deshabité & quaſi ruiné y reſtant encor trois haultes Tours Nous fuſmes deux iours la a lentour, tantoſt auancant, tantoſt reculant, iuſques a ce que nous reſolumes de prendre la *Fragate ou Caique ferme de petite barque.* *Fragate* ou *Caique* de noſtre Vaiſſeau, pour nous porter a *Iaffa*. Et ſuiuants ainſi le bord de la Mer, nous viſmes en paſſant pluſieurs ruynes de Villes & Chaſteaux ſans qu'il nous ſoit loiſible de les veoir de plus pres pour crainčte des *Arabes*, qui ſont touſiours preſts, du long de la coſte.

Et premierement nous paſſaſmes deuant les ruynes de la Ville d'*Aſſur*, laquelle fuſt iadis rebaſtie par *Herodes*, qui l'appella de ſon nom *Antipatrie*.

Ceſt

Cest icy que *Noftre Seigneur* demanda. *Quem dicunt effe filium hominis?* & ou *Sainct Paul* fuft mené par le commandement de *Lyfias Tribun.*

Puis apres, l'on nous monftra l'ancienne ville de *Cefaree*, qui donne affez a cognoiftre par les ruynes, combien elle a efté autrefois grande : A cefte heure il n'y a plus rien d'entier que certaines grottes & voultes, ou fe retirent les *Mores.* Son port eft fort defcouuert, eftant a vne plage, mais deffendu d'vn fort Chafteau, affis fur vn Roc. La *Noftre Seigneur* guerit vne femme de flux de fang, & *Sainct Pierre* y baptifa *Corneille le Centenier* & toute fa famille le faifant puis apres Euefque de ce lieu.

Sainct Paul auffi y difputa contre l'Orateur *Tertullus*, en la prefence du Gouuerneur *Felix*, ou le Prophete *Agabus* luy predict les maux qui luy deuoient arriuer en *Ierufalem*; & *Titus*, venant de deftruire la *Saincte Cité*, demeura pareillement quelque iours en ce lieu pour y celebrer le iour de la Natiuité de l'Empereur *Vafpafian* fon Pere, ou pour plus grande folemnité il fift mourir (comme recite *Iofeph,*) grand nombre de *Iuifs* les faifant combatre contre les beftes farouches.

D'icy nous paffafmes deuant vne fort haulte Tour & bien entiere, & deuant vne Campagne de quantité de Dattiers, ou fe veoit la fepulture d'vn *Dernis*, qui eft vne forte de Religieux Turcs. Lefquels ne paffent iamais auec Vaiffeaux deuant icelle, qu'ils nabordent pour luy faire vne offrande, afin d'auoir bon vent, croyants que s'ils manquoient, ils auroient vent contraire.

La

La nuict nous surprit fort pres de la, & fist perdre la cognoiſſance a noſtre Pilote; tellement qu'enuiron deux heures de nuict il ne ſcauoit pas s'il auoit paſſé *Iaffa* ou non, & pour cela il nous falluſt donner fond, au premier port que nous trouuaſmes, ſans ſcauoir, s'il y faiſoit aſſeure. Nous veillaſmes toute la nuict, craignant que ſe leuant quelque gros vent, il nous fiſt deſplaiſir. Le iour venu noſtre Pilote ſe recogneuſt, & nous fiſt ſuiure la coſte, iuſques a ce que nous deſcouriſmes les deux Tours de *Iaffa*.

Auſſi toſt que nous les approcheaſmes auec noſtre fregate, les *Mores* nous tirerent deux petites pieces ſans balles, en ſigne d'amitie, eſtant premierement aduertis de l'arrinée de *Monſieur de Breues*, par le *Bacha de Gaza*, qui leur auoit donné charge de nous faire toute ſorte de careſſes, a quoy ils ne manquerent point. Car auſſi toſt que nous euſmes mis pied a terre, nous fuſmes conduicts en vne Grotte, ny ayant point d'autre logement, ou nous furent apportez Poules, Melons, Peches, Abricots, Raiſins, & autres rafreſchiſſements, a l'vſage du pays.

PARTIE. 185

L'on tient que ceste Ville, que voyez peinte cy dessus, a
esté bastie par le troisiesme fils de *Noel*, qui s'appelloit *Ia-*   *Iaffa ap-*
phet, dans l'escriture, elle est nommée *Ioppe*, & est le Port ou   *pellee an-*
ciennement Iop-
s'enbarqua le *Prophete Jonas*, fuyant la face de *Dieu*, lors   *ment Iop-*
qu'il luy auoit commandé de prescher la penitence aux   *pe.*
Niniuites & ausquels *Iudas Machabee* brusla plusieurs barques, & ou la penitente *Magdelaine*, auec sa
sœur *Marthe*, & son frere *Lazare*, furent par les *Iuifs*
mis en vne barque sans voiles ny gouuernail, pour les faire
perir.

  L'Apostre Sainct Pierre demeura quelque temps en
O   ceste

ceste Ville, chez *Symon le Conroyeur*, ou il eust la vision du linceul descendant du Ciel; Et y resuscita la bonne *Tabita*, & pour ne rié oublier, cest aux grottes de ce lieu, ou la belle *Audromede* fut exposée aux *Monstre Marin*.

Descente de Godefroy de Bouillon.

Bref, cest icy que le *preux Godefroy de Bouillon* de la tres-Illustre Maison de *Lorraine*, fit sa descente, allant a la conqueste de la *Terre Sainste*, & apres luy tant de *Roys* & *Princes* Chrestiens combattans pour la foy. A ceste heure elle est fort ruinée, n'y ayant de reste, que ces deux Tours susdictes, ou les Mores tiennent quelques petites pieces d'artillerie.

Apres que nous eusmes disné, l'on nous amena des Mulets, & des Cheuaulx, pour aller a *Rama*, qui est a dix mils dela, & n'en estant plus qu'a deux mils, le *Soub Bacha*, qui veut dire Gouuerneur de *Rama* nous vint au deuant auec soixante hommes a cheual, tous auec *Agails* & Fleges, &

Agails cest a dire demi-piquier fessés.

d'auantage vn homme enuoyé expres, de la part du *Bacha de Gaza*, a *Monsieur de Breues* auec cheuaux pour conduire sa trouppe.

Ville de Rama.

Arriuez a *Rama*, nous descendismes au logis du *Soubs Bacha*, lequel nous fit apporter de fort excellens fruicts, pour nous rafreschir, & nous vouloit retenir au souper: mais ledict *Sieur de Breues* ny voulut demeurer, luy promettant toutesfois d'y venir le l'endemain.

Nous allasmes souper, & coucher, a vn logis destiné pour les Pelerins, qui est vne maison assez belle, qu'on

Demeure ancienne de Nicodemus.

dict auoir esté anciennement la demeure de *Nicodemus*, & fust donnée pour y retirer les Pelerins, par le Roy *Baudouin*, aux *Religieux de Ierasalem* qui la tiennent

encor

encor auiourd'huy.   Nous allaſmes le lendemain diſner
ſelon noſtre promeſſe au logis du *Soubs Bacha*, & le ſoir a
la freſcheur ,   conduict par ledict *Soubs Bacha* & pluſieurs
Mores, veiſmes a *Lyda* qui eſt enuiron trois mils de *Rama*,
que pouuez veoir icy.

Lyda eſt vne Ville aſſez ruynée, habitée la plus part   *Ville de*
de Chreſtiens , en laquelle ſe veoit le reſte d'vne Egliſe   *Lyda.*
(qui eſt a des *Caloyers Grecs*) baſtie par *Saincte He-*
leine a la memoire de *Sainct George* , qui fut decolé   *Lieu ou*
en ce lieu ou ſa teſte eſt encor a preſent ſoubs la meſme   *fut decolé*
                                                            S. George.
                          O   ij   pierre

pierre, qu'elle luy fut tranchée. L'on voit aussi vne Tour
qu'on appelle la Tour des *quarantes Martyrs*, qui estoit
iustement au milieu de la Ville lors qu'elle estoit en son entier. Ceste Tour quarrée, bastie comme a la françoise, & encor qu'elle soit fort ruynée, si a elle cent dix marches de
haulteur.

Au pied d'icelle, il y auoit vn Cloistre, duquel il y a encor
deux parties entieres, l'vne plus large que l'autre, voultée
par deßoubs, & y a vne Gallerie aussi soubs terre, qui est assez clarteuse, & semblablemét voultée, au bout de laquelle
est le lieu ou les *quarantes Martyrs* furent enterrez.   A
main droicte est vne Colomne qui ne sort qu'vn pied de
terre ou l'on dict qu'ils furent descolez. La Cour de ce Monastere est encor toute creuse, y ayant plusieurs ouuertures
de Cisternes, les eaux desquelles, comme de toutes les autres de la Ville, estoient ordonnées par les Medecins aux
malades, lors que les Chrestiens en estoient Maistres. L'entrée de tout cest enclos est deffendue aux Chrestiens, a cause de la *Mosquee* que les *Turcs* y ont fait bastir : mais nous
eusmes priuilege particulier de le veoir.

Monsieur de Breues se resolut d'aller veoir le *Bacha de*
Gaza, qui a cause de la cognoissance faicte a *Constantinople*
l'auoit si bien faict receuoir & desfrayer de toutes sortes,
luy ayant mesme enuoyé des Cheuaux pour cest effect. Le
Soub Bacha de Rama le voulut accompagner auec la trouppe qu'il luy estoit venu au deuant, comme ie vous ay dit cy
dessus, faisant nostre chemin par plusieurs Villes apparte-
nantes iadis aux *Philistins*.

La premiere fut celle d'*Acaro*, la seconde de *Guet*, lieu
de la

de la naiſſance de *Goliat*, la troiſieſme *Aſot*, ou les Mores croyent le *Prophete* Ionas eſtre premierement arriué au ſortir de la *Baleine* : la quatrieſme Aſcalon, aſſez cogneue par la Sainɛte Eſcriture, & ou ſe voient auiourd'huy pluſieurs belles colones de marbre, demeurées de reſte d'vne Egliſe baſtie par les Chreſtiens, ſur les ruines d'vn viel Temple. *Naiſſance de Goliat.*

Puis nous paſſaſmes par vn grand Village nommé *Guepua*, patrie de Samſon, ou l'on nous conta que l'année paſſée non ſeulement la, mais a quatre Villages a l'entour les Souris auoient mangé tous les bleds qu'on auoit mis en terre, grande perte en ceſte contrée. Car encor que les terres de la Paleſtine ſoient ſi fertiles, ſi eſt ce que les Arabes ſont ſi negligents qu'ils ne les cultiuent, que de trois Ans a autres. *Naiſſance de Saſon.*

De la ayant eſté toute la nuiɛt a cheual a cauſe des grandes chaleurs, qu'il faiſoit alors, nous rencontraſmes au iour & a deux mils de *Gaza*, vn homme du *Bacha*, qui nous conduiſit a vn logis que lediɛt *Bacha* nous auoit faiɛt preparer en ceſte Ville, ou nous ne fuſmes pas ſi toſt arriuez, que le meſme *Bacha* nous enuoya des volailles, & toute ſorte de rafraichiſſement & continua ceſte liberalité tous les iours que nous demeuraſmes, faiſant tenir expres vn homme a la porte, pour empeſcher que nous n'acheptions aucunes choſes & nous fournit tout ce que nous eſtoit neceſſaire, & d'auantage fiſt tenir d'ordinaire de ſes Soldats a l'entour de nous, craincte que les Mores ne nous fiſſent quelque deſplaiſir. *Soing du Bacha de Gaza.*

Quelque heure apres noſtre arriuée le Sieur de *Breues* alla

alla veoir le dict *Bacha*, duquel il fust receu auec fort bon visage & beaucoup de caresses & obtint de luy tout ce qu'il demandoit. Car il auoit apporté auec soy plusieurs commandements du *grand Seigneur*, pour diuerses affaires.

Quand a la *Ville de Gaza*, elle est fort plaisante a cause de son assiette, pour estre bastie entre deux Collines, & montre par ses ruynes, auoir esté beaucoup plus grande, d'aultant qu'a la campagne d'alentour, l'on veoit encor des *Voultes, Grottes, & Cisternes* cachees soubs terre, & parmy d'autres ruynes on y veoit celle du *Palais que Samson fist tomber*, en rompant la Colomne, ce qui est fort remarqua-

ble, comme est aussi le lieu ou estoient les Portes de la Ville qu'il emporta sur le *Mont Ebron*. Et ny a guerre qu'il s'y voyoit encor quelques *Colomnes*, que le Bacha a emploiées a son Palais, qui est pres dela fort beau & grand, accompagné de beaux iardinages & fontaines, conduictes par artifice. Le Chasteau est pres de la, basty, en forme ronde, enuironné de Tours & percé de canonnieres &

fenestres. Il y a en ceste Ville diuerses sortes de religions, comme *Turcs, Mores, Grecs, Chrestiens de la ceinture, Iuifs* & quelques *Samaritains*. mesme des *Turcs*, y en a quatres

sortes qui ont vn *Mousti*, qui est a dire vn *grand Prestre*, (cōme ils disent) apart, lesquels croyent tous bien l'*Alcoran de Mahomet*, mais l'interpretent differenment.

Les premiers sont appellez *Hanefi*, qui sont de creance du *grand Seigneur*. Les seconds *Cheafery*, qui sont *Mores*. Les troisiesmes *Malichi*, & tels sont les *Mores de Barbarie.*

Barbarie, qui ne font que de ceste creance, mais les autres *Mores* & *Arabes* croient diuerfement aux trois derniers. Les quatriefmes font nommez *Hambeli*.

Les *Chreftiens de la ceinture* ont icy vne Eglife, & ne font guerre differents aux *Grecs*, hors mis qu'ils chantent en *Arabefque*. Les *Juifs* y font en petit nombre, n'excedans pas en tout nonante; *Les Samaritains* font encor moins, neftants que quinze hommes auec leurs familles, lefquels au lieu de multiplier d'efcroif-fent tous les iours, ne s'en trouuant en tout le Leuant qu'enuiron *deux cens cinquante* auec leurs familles, fca-uoir pour chefs de familles, quinze audict lieu, quatre a Damas, dix au grand Caire, & le refte de cinquante a la Ville de Samarie, ou noftre Seigneur demanda a boire a la Samaritaine.

Voicy vne partie de leurs *Religion & Ceremonies*: Ils croyent le premiere liure de la Bible, & appellent comme les Iuifs leurs Preftres *Raby*, & font circoncis comme iceux, & ne mangent aucuns fruicts entez, ny venus par artifices, ou que le tiege en produife de deux fortes; Les iours de Pafque ils font brufler vn veau, & fe couurent tout le corps, & fe lauent des cendres du-dict veau, & font cecy pour remiffion de leurs pe-chez. Ils mettent ceux qui veullent mourir en vn lieu ouuert par deffus, afin que leurs ames aillent droict au Ciel, & ne veullent toucher aux morts en quelque façon que ce foit, mais ils les font enfeuelir par d'au-tres, mefmes ils ne mangent aucune chofe touchée

par

Chreftiës de la cein ture.
Iuifs de Gaza.
Samari-tains.

Creances des Sama ritains.

par gens differents de leur opinion, & si quelqu'vn de leur
religion auoit prins quelque morceau de chair en cahette,
ils iettent le reste dehors comme impur.   Ils ne mettent
point leurs habits que premierement ils ne les ayent mis de
dans vne grande boitte faicte expres bien serrée, & ou
rien ne peut entrer, & la plongent sept fois dedans l'eau.
Quelques vns nous dirent qu'ils gardoient dans vn coffre
Pigeon adoré *vn pigeon pour l'adorer*, qu'ils disent estre celuy de l'Arche
de Noel.   Au reste ils sont gens assez prouoyants, & assez
riches, ne se meslans d'aucun trafic, ny d'autre choses a Gaza que d'escrire pour les Bachas, & pour des autres. Ils sont
vestus differemment, des Mores, ayans des robes & bonnets rouges, qui sont en forme ronde, & sont assez beaux
hommes & haults, & ne *se marient* qu'entre ceux de leur
secte, qui faict que le nombre en diminue & qu'ils vont de
iour en iour descroissant.

Le *Bacha de Gaza* ayant premierement receu vn present de *Monsieur de Breues*, qu'il enuoya a son arriuée,
donna a celuy qui le luy apporta deux Cheuaulx, & cent
cinquante *Dales*, & enuoya vn Cheual fort bien en har-
naché, audict Sieur de *Breues* Lequel ayant prins congé de
Depart du Gaza luy le troisiesme iour de nostre seiour audict lieu, partimes
sur la nuict auec la mesme escorte que nous auions en ve-
nant, accompagnez de surplus du premier *Secretaire* dudit
Depart de Rama Bacha pour nous conduire.   Ainsi nous retournasmes a
Rama ou nous ne seiournasmes qu'vn iour, & fort desi-
reux de veoir la Saincte Cité, de laquelle nous n'estions es-
loignez que de trente mils. Nous partismes vn peu auant la
nuict, tousiour accompagnez comme dessus, & du *soubz*
Bacha

Bacha de Rama.

Or est il que tous les Pelerins passans en ce lieu pour aller en Ierusalem estoient obligez de payer sept sequins en y
allant & autant au retour. Mais nous ne payasmes rien, n'y
mesmes l'entrée de la Ville de *Ierusalem* qui sont deux sequins par teste, ny pour l'entrée du S. Sepulchre, ou l'on
a accoustumé d'en donner neuf pour pelerins, par ce que
Monsieur de *Breues* apporta auec soy vn commandement
du grand Seigneur, qui nous exemptoit de toutes ces im-
positions, & d'auantage ledict Sieur obtient du *Bacha de
Gaza*, que les Pelerins qui viendroient apres nous, ne paye-
royent au passage de *Rama*, que cinq *Sequins* comme on
faisoit *anciennement*.

Ayant faict dix mils nous vismes vn Chasteau sur vn
beau & fertil cotau qu'on dit auoir esté celuy *du bon Larron*
qui fust crucifie auec *Iesus-Christ.* Il n'est point permis
aux Chrestiens d'y entrer, mais a ceux qui passants seulemét
deuant diront vn *Pater noster*, & vn *Aue Maria*, les *Pa-
pes* ont cõcede *sept ans & sept quarantaines d'Indurgéces.*

D'icy nous entrasmes en vne grande vallée, ou les autres
Pelerins sont obligez de donner chacun vn *Sequins* au *Cap
des Arabes*, & quatres *Medins* par teste aux Soldats qui
gardent ce passage: & plus auant a vne montaigne que nous
passasmes, l'on paye a trois diuerses endroicts *quatre &
cinq Medins* pour teste. A huict mils de *Ierusalem.*
Nous passasmes deuant l'Eglise du *Prophete Ieremie*, qui est
encor toute entiere, y ayant aupres vne fort belle fontaine;
Cest le lieu de la *Naissance dudict Prophete*, a present entre
les mains des Turcs qui y tiennent du Bestail, a cause qu'il

*Ancien
Impost.*

*Chasteau
du bon
Larron.*

*Le Me-
din vaux
six blancs
François*

*Eglise du
Prophete
Ieremie
Naißãce
dudict
Prophete*

P

y a plus

115

y a plus de quatre vingt ans qu'elle est abandonnée des *Religieux du Sainct Sepulchre.*

Sepulture des Macabees.

Plus auant & a main droicte est le chasteau de *Medin,* ou les *Macabees,* & leur Pere *Mutathias* furent enseuelis. Enuiron trois mils plus loing nous descendismes dans la *Vallée de Terebinthe,* memorable pour la victoire

Lieu de la victoire de Dauid

de *Dauid* contre *Goliat,* & au milieu de laquelle *Saincte Helene,* fit bastir vne Eglise, dont ne vismes que les ruynes.

Ayant passé vn Pont de pierre qui est sur le Torrent de Terebinthe, nous commenceasmes a monter le *Mont de Socho,* & laissans plusieurs remarquables ruynes derriere nous, arriuasmes en fin aux portes de la saincte Cité de *Ierusalem,* ou nous prendrons vn peu d'haleine, en attendant que nous commencions en nostre quatrieme partie la description d'icelle.

QVATRIESME
PARTIE.

CE n'est pas sans desplaisir, que ie met la main a la plume pour commencer la description des Sainɛts lieux tant de la Ville de *Ierusalem* comme d'alentour. Car me souuenant, de la rare deuotion, qu'on a en ses endroiɛts & me representant en mesme temps, que tous ces lieux, sont entre les mains des *Infidelles* ientre en vne si grande melancolie que ie perds, quasi toute enuye d'en escrire. Et pleust a Dieu que tous les *Princes Chrestiens* laissants leurs ambitions particulieres derriere la porte, sortissent vnanimement en campagne pour aller encor de nouueau, a la conqueste de ceste *Terre Saincte*; Combien plus volontiers empogneroy-ie alors vne espee pour les suiure, en ceste genereuse entreprise, que de prendre a ceste heure la plume pour vous faire part de tout ce que i'y ay veu. Mais puis qu'il n'y a point d'autre remede a ceste douleur, Il vault mieux en finir la plainɛte, & commencer la description de la Ville de *Ierusalem*, capital de ceste contrée.

Laquelle

Laquelle est situee entre plusieurs montaignes, mais non pas a la mesme place qu'elle estoit anciennement, dautant que les *longues & memorables guerres* l'ayant ruynée par plusieurs fois, ont donné occasion de la rebastir diuersement.

Pour le present, elle occupe vne partie de l'ancienne Ville, & enferme au dedans plusieurs lieux qui estoient par autrefois dehors, & laissez d'vn autre costé dehors, ce que iadis estoit au dedans, car elle contient *quatre montaignes*, dont le Mont de *Syon* est la premiere vn peu auancé dedans la Ville, au lieu qu'anciennement elle y estoit entierement.

La seconde est le Mont de *Caluaire* qui est a present du tout enfermé dedans, & apres y a le Mont *Moria* sur lequel est le *Temple de Salomon*, & la derniere est celle de *Sion* ou est le Couuent des Religieux du Sainct Sepulchre, qui deuant septante ans se tenoyent au *Mont de Syon*. Toute la Ville n'est fortifiée que d'vne muraille fort mal recognue faicte du temps de *Sultan Soliman*, auec vn petit fossé a l'entour, & a quatres portes principales, Celle de *Syon* & celle de *Rama*, celle de *S. Estienne* & celle de *Damas* Oultre celles cy, il y en a encor deux petites, l'vne (qui est entre celle de *Damas* & de *Sainct Estienne*) s'appelle d'*Ephaim*, & l'autre (qu'est entre celle dudict *Sainct Estienne* & celle de *Syon*) se nomme *Sterquilinia* par laquelle *nostre Seigneur* fust mené lors qu'il fust prins par les Iuifs au iardin d'Oliuet, & voit on d'auantage par la Ville la plus part des portes anciennes comme vous voyrez par le dessain de toute la Ville.

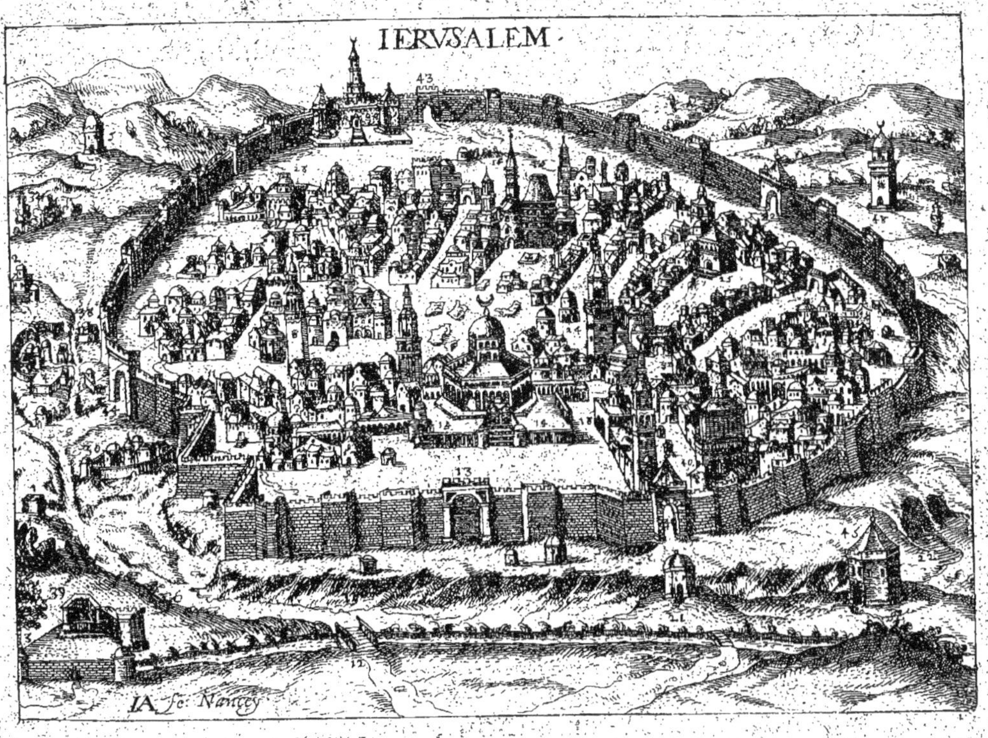

1 Champ d'alcheldemach.	15 Sepulchre de noſtre Seigñr	33 Arche de Pilate.
2 Maiſõ du mauuais côſeil	16 Mont Caluaire.	34 En ce lieu Eſaie fut ſcié.
3 Lac de Siloe.	17 Lieu de la flagellation	35 Fontaine de Rogiel.
4 Lieu ou s' eſt faict la Cene	19 Vallée de Ioſaphat.	36 Mont d'Oliuet.
5 Tour de Dauid.	20 Lazare. (lapide.	37 Mont de Sion.
6 Le chemin de Bethelem.	21 Lieu ou S. Eſtienne fut	38 Simetiere des Abyſſine.
7 Maiſon de Caiphe.	22 Lieu ou noſtre Seigneur	39 Tour de Syloé
8 Icy la Vierge a eſtee eſleuee.	fit ſon oraiſon.	40 Natiuité de la Vierge
9 Le Sepulchre de la Vierge	23 Maiſõ du mauuais riche	41 Porte S. Eſtienne.
Marie.	24 Maiſon de Pilate.	42 Porte Damaſcene.
10 Lieu ou Dauid fit les 7.	25 Maiſon de Herode	43 Porte de Iob.
Pſaulmes.	26 Logis des Pelerins.	44 Porte de Iudee.
11 Maiſon d'Anne.	27 Saincte Veronic. cole.	45 Tour de Ioſaphat.
12 Torrent de Cedron.	28 Lieu ou S. Iean aeſte deſ.	46 Ou les Apoſtres ſuirent
13 Porte dorée.	30 Lieu ou S. Pierre pleura	47 Maiſõ de S. Marie Magd.
14 Temple de Salomon.	31 Saincte Marthe.	48 Moſquée.

Ce fut

Ce fuſt le deuzieſme d'Aouſt Mil ſix cens & cinq
que nous arriuaſmes aux portes de ceſte ville, deuant leſquelles (par ce quelles eſtoyent fermées) il nous falluſt
attendre enuiron deux heures, iuſques a ce qu'on euſt ſceu
du Cadi, ſi ſelon le commandement que nous auions du
grand Seigneur, il nous vouloit laiſſer entrer ſans payer aucune choſe de ce que tous les *Pelerins*, ſont obligez de

Entrée au Couuēt de S. Saluator.

payer *a l'entree*.   Et cecy nous eſtant accordé auec l'ouuerture des portes, nous allaſmes deſcendre au Couuent
des *Religieux* appelles, *Sainct Saluator*, ny ayant point d'autres logis a la ville pour les Chreſtiens, leſquels apres que
nous fuſmes vn peu reffraichis nous *lauerent* ſelon la cou-

Proceſſion de l'Egliſe.

ſtume a tous les pieds, & puis firent vne *proceſſion* dans
leur Egliſe, ou nous aſſiſtames & demeuraſmes deux iours
dedans ledict Couuent auant qu'entrer au *Sainct Sepulchre*, que nous employaſmes a voir la Ville & a'laſmes

L'Entrée du Tēple de Salomon deffēdus aux Chreſtiēs

premierement voir le *Temple de Salomon*, auquel pas
vn Chreſtien n'a permiſſion d'entrer.

Mais ie ne vous laiſſeray pas le vous deſcrire le mieux
que ie pourray ſelon que i'ay peu recognoiſtre par dehors
& ſelon les *meſures*, que i'en fis prendre par vn Turc.

Deſcription du Tēple de Salomon par coniectures du dehors

Tout ce baſtiment eſt de grand circuit, contenant pluſieurs pieces magnificques *tant anciennes, que modernes,*
& eſt a l'endroit de *la porte doree*, qui eſt a ceſte heure
murée par dehors, par laquelle *noſtre Seigneur* entra le
iour des *Rameaux*, & icelle reſpond meſme a la grande
Cour du *Temple*, longue de de deux cens ſoixante pas,
& large

& large de *cent cinquante*, A l'vn de ces coings & deuers le midy eſt le *Temple de la preſentation*, qui paroiſt
eſtre fort beau, ayant trois eſtages couuertes de plomb,
& au bout de la grande nef, y a deux Doſmes l'vn a midy,
& l'aultre au Septentrion. Ceſt icy que la Vierge Marie, fuſt preſentée, & nourrye iuſques a l'aage de douze
ans, & ou *Sainct Symeon* tenant *Noſtre Seigneur*, dit
(*Nunc dimittis ſeruum tuum*.) Et les Turcs s'en ſeruent a ceſte heure pour *Moſquee*. Au midy ſe voit
encor *vn Couuent* autrefois couuert de plomb, qui ſert de
muraille a la Ville. Deuers l'Occident eſt l'ancienne
porte appellée *Specioſa*, ou *Sainct Pierre* guarit l'Aueugle qui luy demandoit l'auſmoſne, & aupres d'icelle, ſe
voient pluſieurs belles Arcades ; Deuers le Septentrion
eſt le logis *de Pilate*, & quaſi au milieu de ceſte grand
Cour, il y a vne Terraſſe, qu'on monte par des Eſcalliers de
vingt cinq marches de hault, & cent pas en quarrure,
ayant en pluſieurs endroicts pour embelliſſement des
Arcades ſouſtenues de piliers de marbre, le deſſoubs en eſt
voultée auec pluſieurs *Ciſternes*.

Au deſſus il y a pluſieurs *Moſquees* faictes en Doſme,
& enuiron le milieu tirant plus vers le midy eſt le ſurnom-
mé *Temple de Salomon*, en forme *Octhogone*, ayant huict
faces, & reueſtu par le pied, iuſques a la haulteur de dix
pieds de beau marbre blanc, & par deſſus de *bricques colo-
rees*, diſpoſees *a la Moſaique*: ſon tour eſt de *deux cens cinquãte pas* & a quatre endroicts oppoſez, les vns aux autres y
ayant autãt de portes, & a chaſque face y a rouſiours quatres
feneſtres, & au deſſus vn petit parapet, en uirõ de trois pieds
du hault

Temple de la preſentation
Porta ſpecioſa.
Logis de Pilate.
Forme Octhogone du Temple de Salomon.

du hault pour l'embeliſſement de la couuerture qui eſt de *plomb*, ayant au milieu vn *Doſme* auſſi couuert de *plomb* auec ſeize feneſtres ſemblables aux autres. Le dedans du Temple eſt tout blanc, hors mis quelque peu *de Moſaique*, que reſte du vieux temps.

Au milieu du *Temple* ſe voit vne groſſe pierre triangulaire qui peut auoir dix pas de long, tenant des deux coſtez au rocher & faiſant par ce moyen vne grotte au deſſoubs, *Pierre appellée Saret oulla. Riſurries de Mahomet.* Les Turcs croyent, que par autrefois elle a eſté ſoubſtenue en laire, & l'ont pour ce ſubiect en grande veneration, diſant qu'elle s'eſleua de terre a lors que *Mahomet* monta au Ciel ſur le cheual nommé *Boraque*, qu'il luy fuſt enuoyé de Dieu & pour ceſte raiſon l'appellent *Saret oulla*, qui veut dire *pierre diuine*, Ils tiennent auſſi que Iacob coucha ſur ceſte pierre, & en ce lieu viſt par ſonge l'Eſchelle qui alloit iuſques au Ciel, ſur laquelle les Anges montoient & deſcendoient. *Chaſteau en Hieruſalem baſty par les François.* De ce *Temple*, nous allaſmes deuers le *Chaſteau* ſitué en occident pres de la porte de *Rama*, qui a eſté baſtie par les François, du temps qu'ils tenoient la *terre ſaincte*, & aux quatre coings autant de groſſes tours quarrées, l'vne *Tour de Dauid.* deſquelles on tient eſtre celle de *Dauid*, qu'on veoit eſtre bien ancienne par la vieille façon qui vient iuſques au milieu de la Tour. Le foſſé, qui enuironne tout le baſtiment a de largeur enuiron douze pas & eſt bien reueſtu par dehors.

Le troiſieſme iour apres noſtre arriuée l'on nous mena veoir l'Egliſe du *Sainct Sepulchre*, l'entrée de laquelle eſt *S'entour ſont gens d'Egliſe en preſtre* gardee par des hommes qu'ils appellent *Santons*, auſquels ſous Chreſtiens francs ſont obligez de payer *neuf ſequins* par

par teste,& vn *Medin* a celuy qui ouure l'Eglise.

Ayant passé premierement par vne petite porte nous entrasmes en vne grande Cour quasi quarrée & paüee de *Marbre*, au milieu de laquelle est la *pierre* sur laquelle nostre *Seigneur* tomba en allant au Mont de Caluaire. A la main droicte est vne Chapelle ronde, couuert en Dosme, ouuragée au dedanr a *la Mosaique*, l'on y montoit par degrez, mais a ceste heure la porte est murée, *nostre Seigneur* passant en cest endroict portant sa Croix, & la *Vierge Marie*, l'ayant accompagne iusques-icy s'arresta, cependant qu'on crucifioit son Fils. Au bout de la Cour est l'Eglise, auec vn beau frontispice,& deux grandes portes enrichies de part & d'autre de belles Colomnes de marbre,faictes a la Corinthienne,dont celle du costé du Mont Caluaire est murée & nous entrasmes par l'autre

Description de l'Eglise du S. Sepulchre.

Beau frontispice.

Q

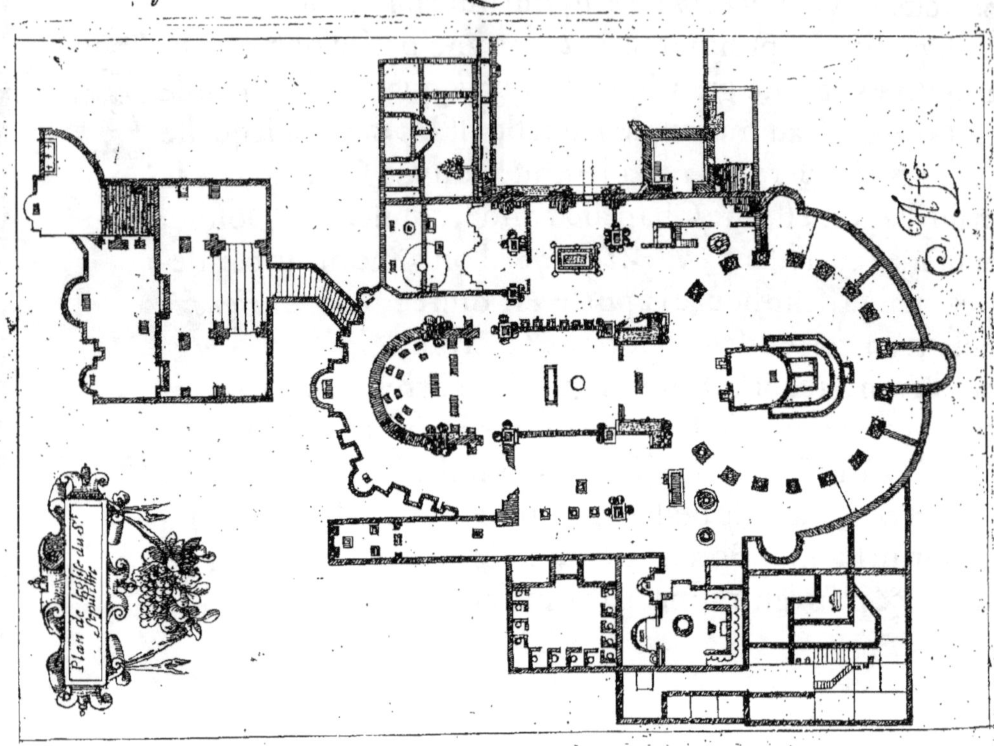

Encor que ceſte Egliſe ſoit fort irréguliere a cauſe de ſa
diuerſité de ſon baſtiment, ſy prendrons nous peine de la
deſcrire le mieux qu'il nous ſera poſſible. Elle a trois *Domes*
& en ſa longueur contient, cent ſix pas, & en ſa plus grande
largeur ſoixante, & eſt occupée de pluſieurs ſortes de *Re-*
ligions Chreſtiennes. Le *Doſme* au milieu duquel eſt le Sainɛt
Sepulchre ſert de nef a l'Egliſe & a *vingt ſix pas de dia-*
metre, ſouſtenu de pluſieurs piliers, entre leſquels il y en a
quatorze de marbre. En ceſt endroiɛt il y a au deſſus vne
grande ouuerture, côme a la Rotonde de Rome, qui donne
quaſi iour a toute L'egliſe. Au deſſoubs & a lentour du

Sainct Sepulchre il y a des conduicts, qui recoiuent leau de pluye entrant par ce trou, pour la renuoyer puis apres dans des cysternes plombées qui sont soubz ledict bastiment.

Quand au Sainct Sepulchre, il fust faict (comme chascun scait,) & taillé dans lê Rocher par *Ioseph d' Arimathie*, ou il fit faire vn caneau *& vn banc de pierre pour luy*, sur lequel puis apres fust mis *le precieux Corps de Noftre Seigneur:* Ce *banc* eft a prefent reueftu de *marbre blanc* de dix pans de long, quatre de hault, & quatre de large, qui n'eft que la moitie de la largeur de la Chapelle dudict *Sainct Sepulchre*, qui a iufques a la voulte douze pans de hault, par tout reueftu, & paué de marbre blanc, mais la voulte eft toute noire de la fumée *de quarante deux lampes*, qui bruflent continuellement la dedans: l'on entre dans cefte faincte Chapelle par vne porte taillée dans le mefme Roc, haulte de *fix pans & large de trois*, laquelle eftoit bouchée d'vne pierre longue de fept pans, & quatre de large, fouftenue d'vne autre pierre d'vn pied en quarrure, qui eft a prefent deuant la porte dans vne autre Chapelle, *de dix neuf pieds de long, & onze de large*, attachée a celle cy, & qui faict vn mefme corps, par laquelle on entre pour paffer au Sainct Sepulchre, en laquelle il y a encor vingt deux lampes continuellement ardentes.

La forme de la *Saincte Chapelle* eft plus longue que large & quafi quarrée, horsmis qu'au bout plus long, elle va s'arondiffant enuironnée en ceft endroict de dix *Colomnes de marbre*. Son tour a enuiron vingt quatre pas, dix fept pieds de hault iufques a la couuerture platte, qui eft large de

---

Marginal notes:

Le Sainct sepulchre côfifte en vn caneau & banc taillés dans le Roc.

Mefure du S. Sepulchre.

Forme de la Saincte Chapelle du S Sepulchre.

dixſept pieds,& longue de vingt deux;Au milieu il y a vn
petit *Doſme* ayant dix pieds de diamette couuert de plomb
& ſouſtenu de douze petites Colomnes de marbre,haultes
de neuf pans. La couuerture de l'Anti-chappelle (ainſi ap-
pellons nous celle que nous auons nommé ſi deſſus) eſt
auſſi platte,d'vn pied plus bas que l'autre & a dix pieds de
large,& neuf de longe.   Comme pouuez comprendre du
preſent deſſain.

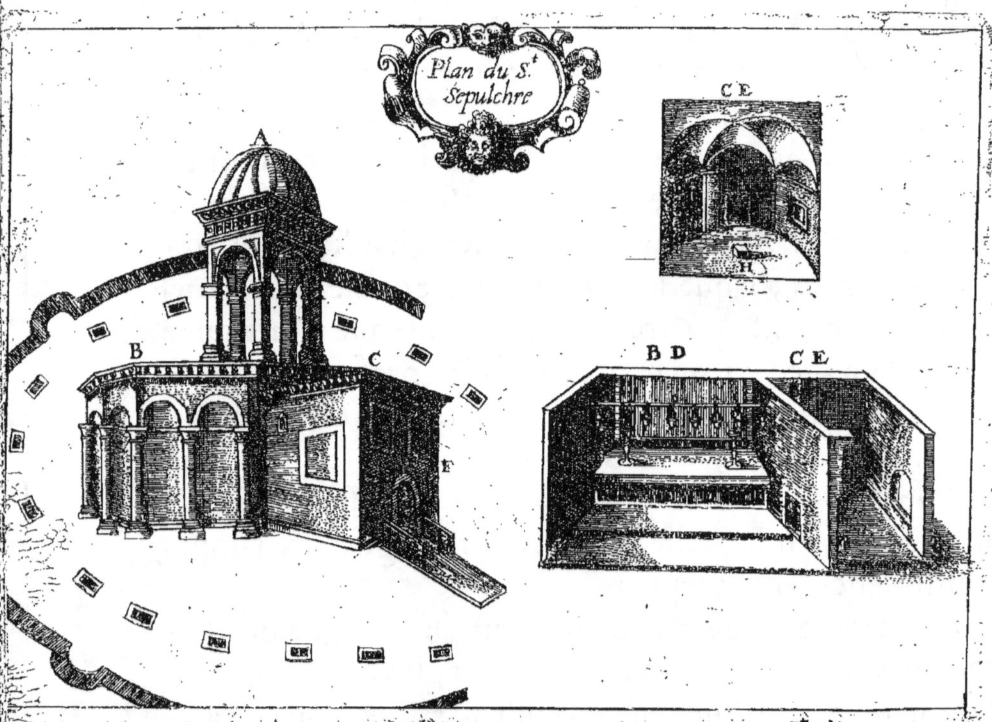

Derriere ceſte *ſaincte Chapelle* il y en a vne petite ſoi-
gnant,que les *Goffites* tiennent Le paue dela a l'entour eſt
de marbre,& les voultes de toute l'Egliſe ſont remplies de
Moſaique

Mosaique hors mis le Dosme, qui couure le Sainct Sepulchre qui est tout de charpenterie de grands Cedres apportez du Mont Liban.

Apres auoir faict quelques prieres deuant le *Sainct Se-*
pulchre nous fusmes menez selon la coustume des Pelerins
dans la *Chapelle de l'Apparition* , qui sert de *Sacristie* aux   *Chapelle*
Religieux, ou s'estans habillez pour faire la procession par   *de l'Ap-*
                                                               parition.
toute l'Eglise , nous donnerent a chacun vn cierge en la
main, & commenceasmes a *l'Autel de la flagellation*, qui est   *Autel de*
encor dans ceste chapelle, ou l'on conserue religieusement   *la flagel-*
                                                             lation.
vne piece *de la Colomne ou Iesus-Christ* fut foüetté chez Pi-   *Fragmēt*
late, laquelle fut rompue par les Turcs, lors qu'ils ruinerent   *de la S.*
                                                                Colomne
le Temple du Mont de Syon. Et depuis vne partie d'icelle
fut enuoyée a Rome a Paul IIII. L'autre a l'empereur Ferdinand a Venise, a Raguse, & le reste est demeuré, icy qui est
de couleur de pourpre, & enuironnée d'vne grille de fer.   *Chapelle*
En disant vn *Pater & vn Aue,* l'on gaigne *Indulgence ple-*   *de la Pri-*
                                                              son de N.
niere.   L'on nous fit icy vne deuote exhortation, & apres   *Seigneur*
auoir chanté des Hymnes, nous sortismes de ceste Chapelle
& allasmes a main gauche a vn autre dicte; *la prison de Iesus-*
Christ , ou il fust arresté attendant que le lieu, ou deuoit
estre mise sa Croix, fut accommodé. Il semble qu'anciennement s'ait esté vn grotte, elle est aux *Georgiens*, & y a *sept*
ans, & sept quarantaines d'Indulgences. L'on nous y fit la
seconde exhortation comme aussi nous o u furent faictes
en tous les lieux que nous dirons cy apres.

Dela nous entrasmes en la Chapelle, qu'est le lieu eu les
Soldats *iouerent* la Robe de nostre Seigneur , l'on y gaigne
aussi *sept ans & sept quarantaines d'Indulgences* , & est aux
                                                        Armeniens

Armeniens.

Puis de mesme costé nous entrasmes a vne porte & descendismes trente degrez, pour arriuer a la *Chapelle de S. Heleine,* d'ou nous descendismes encor vnze degrez plus bas, dans vne grotte taillée dans le Roc, ayant quinze pieds de quarrure, en laquelle y a deux Autels, *l'vn des Franɩques, & l'autre des Grecs.* Cest la que par le moyen de saincte Heleine fut trouuée la vraye Croix, auec celles des deux Larrons, & le Tiltre, les Cloux, la Lance & la Couronne.

Chapelle de saincte Heleine.

Ayant la gaigné *Iudulgence pleniere,* nous remontasmes a ladicte Chapelle de *Saincte Heleine,* large de vingt deux pieds, & longue de vingt huict, soustenue de quatre Colomnes de marbre blanc, en laquelle sont deux Autels & vne pierre aussi de marbre ou l'on dict, que *Saincte Heleine* estoit assise tandis que l'on cherchoit la Croix. Ce lieu est aux *Armeniens.*

Mesure d'icelle Chapelle.

Sortant dela, nous allasmes en vne autre *Chapelle que les Abißins* tiennent, ou soubs vn Autel & parmy des grilles de fer se voit *la Colomne d'Impropere* haulte enuiron de quatre pieds sur laquelle *Nostre Seigneur* assis, par les Iuifs fut couronné d'espines, & receut d'eux tant d'iniures. Nous gaignasmes icy *sept ans & sept quarantaines d'Indulgences,* & puis nous montasmes par dix neuf degrez sur le *Mont de Caluaire,* & entrasmes en vne Chapelle pauée de marbre, & la voulte ouuragée a la Mosaicque, qui est aux *Georgiens,* & y a *Indulgence pleniere.* Cest en ce mesme lieu que Nostre Seigneur souffrit Mort & passion sur l'Arbre de la Croix, plantée dans *vn tronc,* taillé d'vn pied & demy dans le Roc, acest heure enrichy de marbre de part & d'autre,

Colomne d'Impropere.

Chapelle du Mont Caluaire.

Trou ou la Croix fut plantée

dans

dans lequel roc font les trous, ou furent aussi mises les croix du bon & mauuais larrons, & tout aupres est la scissu-re du roc faicte a l'instant que *Iesus-Christ* rendit son ame, qu'on voit estre fort profonde, & beaucoup la croyent al-ler iusques au Centre de la terre.

Plus auant & sur le mesme Mont nous vismes vn *autre* *Chapelle* ornée par tout de marbre, & de Mosaique qui est aux Francques, & y a encor *Indulgence pleniere*, ou Iesus-*Christ* fut *cloué* sur la Croix. Il est bien raisonnable qu'vn lieu si memorable vous soit representé.

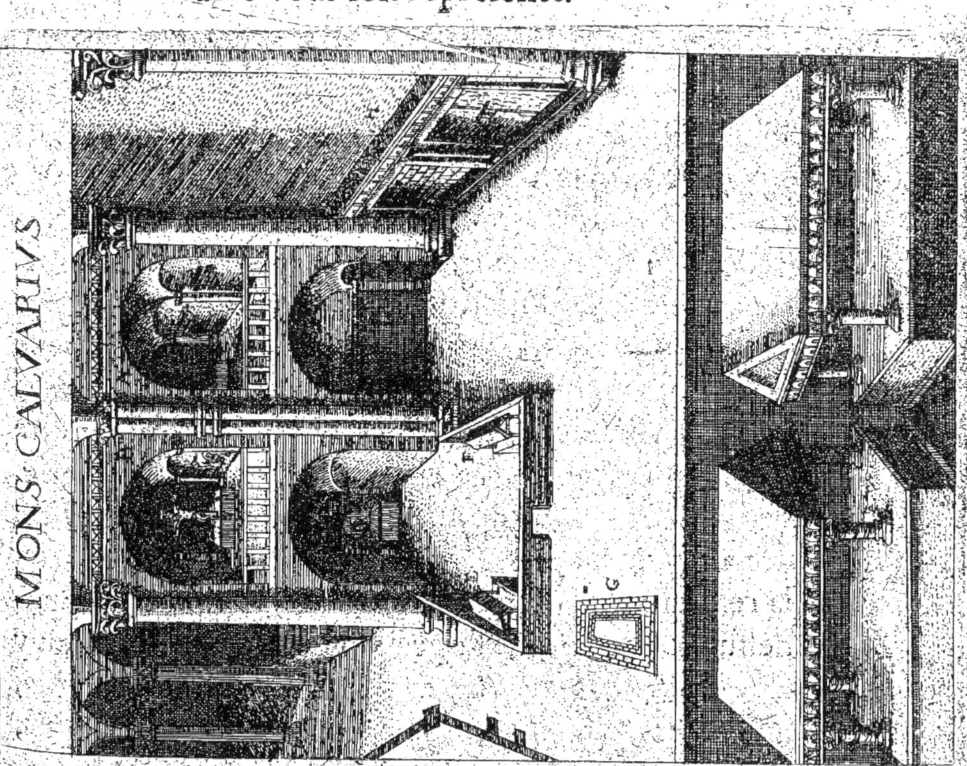

Defcendus

Pierre de l'Onction. Descendus de ce Mont nous allasmes vers la *pierre de l'Onction* appartenant aux Francques, & ou l'on gaigne *Jndulgence pleniere* ; Quand *Iesus-Christ* fut descendu de la Croix il fut mis sur ceste pierre, & oingt d'Aloes de Myrrhe, & d'autres choses odoriferantes par *Ioseph d'Arimathie & Nicodeme.* Elle est *longue de douze pieds,* & *large de trois* toute couuerte de marbre blanc couchée en terre, pres de la porte de l'Eglise, & euuironnée d'vne grille de fer.

Sa mesure.

De ceste pierre nous allasmes droict, vers la chapelle du *Sainct Sepulchre,* ou apres l'exhortation faicte & les Hymnes accoustumées chantées, fismes trois tours a l'entour chantans *Te Deum.*

Et puis nous entrasmes les vns apres les autres dans ce Sainct lieu & chacun y ayant faict sa deuotion & gaigné les *Indulgences plenieres* nous sortismes pour aller veoir vne *pierre ronde de marbre,* qui n'est pas loing de ceste chapelle, & sert de paué, sur laquelle *Iesus-Christ* parut a la *Magdelaine* en forme de Iardinier, ou ayant gaigné *sept ans & sept quarantaines d'Indulgēces,* nous retournasmes a la Chapelle d'ou nous auions cōmencé nostre processiō, dans laquelle deux grands Miracles ont esté faicts : L'vn alors que nostre Seigneur apparut apres sa Resurrection a la Vierge Marie, pour ce subiect on la surnomme la *Chapelle de l'Apparition:* L'autre, alors que la vraye Croix fut recognue des autres, par la resuscitation d'vn homme mort, qu'on auoit appliqué dessus, & en memoir de ce il y a vn Autel, outre celuy de la *Flagellation,* auec *Indulgence pleniere.* Derriere ceste la, est le logis des Religieux, qui demeurent dans ceste Eglise, ou ils sont ordinairement mis pour trois mois.

Pierre ronde.

Nostre

Nostre proceſſion finie, i'allay viſiter plus particulierement toute l'Egliſe , & trouuay que du Sainct Sepulchre
iuſques au lieu ou Noſtre Seigneur fut crucifiè, il y a *cinquante ſix pas.* Auquel lieu eſt la chapelle que nous auons
deſcrit cy deſſus, ſoubs laquelle eſt vn autre chapelle dicte
de *Sainct Iean l'Euangeliſte* , ou l'on voit la continuation
de la ſciſſure du Roc auquel endroict on dict que fuſt trouuée la teſte de noſtre premier Pere Adam , la longueur de
ceſte chapelle eſt de quarante deux pieds & ſa largeur de
vingt trois. En laquelle ſe voyent les ſepultures de deux
braues *Champions de la foy* , yſſus de l'ancienne & royale
Maiſon *de Lorraine* , ſouſtenues chacune de ſix piliers de
marbre.

La premiere eſt a main droicte, faicte en forme de biere,
longue de douze pans & haulte de ſept en comprenant les
piliers qui la ſouſtiennent, laquelle eſt de *Godofroy de Bouil-*
lon, auec ceſte inſcription:

Hic iacet inclitus Godofredus de Boüillon, qui totam iſtam
terram acquiſiuit cultui Chriſtiano , cuius anima regnet in
Chriſto.

L'autre qui eſt du Roy *Baudouin* ſon frere , eſt a main
gauche, longue de treize pans & haulte de ſept ſur laquelle
ſont grauès ces vers latins.

Rex Baldouinus Iudas alter Macabæus,
Spes Patriæ, vigor Eccleſiæ, virtus vtriuſque,
Quem formidabant, cui dona tributa ferebant.
Cedar & Egyptus, Dan, ac homicida Damaſcus,
Proh dolor in modico clauditur hoc tumolo.

R

Au

Au sortir de ceste chapelle se voient deux autres sepultures de marbre blanc, auec des petites colomnes canne-
lées a la Corinthienne, dont la premiere est d'vn des enfans de *Baudouin* auec ces vers.

Septimus in tumulo puer isto Rex tumulatur,
Est Baldouinus Regum de sanguine natus,
Quem tulit é mundo sors prima conditionis
Vt paradisiaca loca possideat Regionis.

L'autre est de la femme de *Baudouin*, mais l'escriture est
tellement gastee qu'on ne la scauroit lire. Au bout de la nef
sont les sepultures de *Ioseph d'Arimathee & Nicodemus*, enuiron a seize pas du *Sainct Sepulchre*, toutes deux taillées
dans le roc, lesquelles appartiennent aux *Suriens*, & y gaignent on *sept ans & sept quarantaines* d'Indulgence.

Apres auoir veu tout cecy, nous nous retirasmes au logis des Religieux, que nous auons dit cy dessus pour y
coucher, d'autant que c'est la coustume de tous les Pelerins
de demeurer pour le moins vne nuict dans l'Eglise.

Le lendemain nous fusmes confessez & communiez
apres auoir ouy la Messe du Gardien, estant habillé en Euesq-
que, & sur vn Autel, qu'il fit dresser deuant la porte du
Sainct Sepulchre. Ceste ceremonie acheuée, les *Sentons*
nous ouurirent les portes de l'Eglise, d'ou ils portent tousiours les clefs. Quand nous fusmes dehors, l'on nous monstra a main gauche vne petite porte qui alloit au *Mont de*
Caluaire, aupres delaquelle Saincte Heleine fit bastir deux
chapelles au lieu mesme qu'*Abraham* voulut sacrifier son
fils, & ou *Melchisedech* offrit le pain & le vin. Elles sont
gardées a ceste heure par vne *femme Abissine*, & nous y
gaignasmes

gaignasmes *indulgences pleniere* a l'vne & al'autre. Hors de la cour nous gaignasmes *sept ans & sept quarantaines d'Indulgence*, deuant la prison de *Sainct Pierre*, d'ou il fut deliuré par l'Ange, reduicte en chapelle par Saincte Heleine, mais auiourd'huy remise en sa premiere condition par les Turcs, qui y logent des prisonniers.

Pres de la se voyent les ruynes de *l'Eglise & Couuent des Templiers* qui paroist auoir esté fort grand & beau.

Mais, il est temps qu'apres vne longue d'escription de ce que i'ay veu en l'Eglise du *Sainct Sepulchre*, ie vous appelle plus oultre, pour vous monstrer tout ce qui est de remarquable icy a l'entour.

Vn matin nous sortismes du Couuent conduicts par deux Religieux & vn Interprete, & allasmes droict *a la Via dolorosa*, ou Iesus Christ porta sa Croix, & vismes *la porte iudicaire* a ceste heure enclauée dans la ville, ou l'on disoit la sentence aux criminels.

Nostre Seigneur sortit par icelle chargé de sa Croix, pour aller au *Mont de Caluaire* pour lors hors de la ville, mais a present dedans. En descendant la mesme rüe, nous vismes le logis de *la Veronicque*, & le lieu ou elle presenta a nostre Seigneur le voile qui se garde a Rome.

Plus bas est le *logis du mauuais riche*, a l'endroict duquel Iesus se tournãt vers les femmes, leur dit, *Filiæ Hierusalẽ*, &c.

Dela nous prismes vne rüe, qui va vers la porte *de Damas*, au coing de laquelle en tournant a droicte, *Iesus* se laissa tomber auec sa croix, ayant tresbuché contre vne colomne couchée en terre, & les Iuifs craignants qu'il ne mourut feirent prendre la croix a *Symon Syrenee* qui venoit de ceste porte d'en hault.

Tournant a main droicte vers le logis de Pilate, nous veismes la maison en laquelle la Vierge, & Sainct Iean s'estoient mis, pour voir passer *IESVS*, & ou la Mere & le Fils s'embraisserent. Saincte Heleine y fit bastir vne Eglise, qu'on nomme *Sancta Maria del Spasimo*, parce que la Vierge Marie tomba esuanouie, voyant son fils en tel estat. L'on y gaigne *Indulgence pleniere*, & en tous autres lieux, que i'ay nommé, & nommeray sans parler de pleniere, il y a *sept ans & sept quarantaines d'Indulgences.*

Plus auant il y a vne *grande arcade*, qui prend des deux costez de la rue, sur laquel Pilate monstra *Iesus-Christ* par deux grandes fenestres soustenues d'vne petite colomne de Serpentine, disant, *Ecce homo.*

De l'autre costé l'on voit deux pierres de marbre blanc quarrées, sur lesquelles *IESVS* estoit lors que l'on le monstroit, & afin que l'on ne marchast plus dessus, le *Gardien* a obtenu du *Saniac* de les faire mettre dans la muraille, sur l'vne de ces pieres est escrit, *Tolle, Tolle, Crucifige eum.*

A quelque dix pas de la est l'entrée du logis de Pilate, où estoit par autresfois la *Scala Sancta* qui est a present a *Rome* par laquelle *IESVS* (estant comdamné a la mort) descendit. Icy comme a l'*Ecce Homo*, y a *Indulgence pleniere*, & y a de ce logis iusques ou il fut crucifié, sept cens quarante pas.

I'entray dans ceste maison ou loge ledict *Saniac*, ou l'on nous monstra l'endroict ou estoit la chambre de la *Flagellation*, & le lieu ou *Iesus* fut iugé a mort, qu'on voit a main droicte, ou il y a deux arcades conioinctes par vne colomne, dont il se sert a ceste heure pour vne cuysine.

Au sortir d'icy nous passasmes aupres de la colomne Antoinine,

Antoinine, & deuant vne grande Eglise reduicte en Mosquée, & arriuasmes au logis de *saincte Anne*, & ayant passé par vn Cloistre qui estoit autrefois de Religieuses, nous descendismes par vn trou enuiron dix marches dans vne grotte, & de celle cy en vne plus grande, dans laquelle nasquit la *Vierge*, ou nous gaignasmes *Indulgence pleniere*.

D'icy allasmes à la *Piscine probatique* ou le *Paralicque* fut guary de *Nostre Seigneur*, laquelle a pour le moins cent cinquante pas de long & quarante de large, & voit on icy pres vne porte qui venoit du *Temple de Salomon* en celieu.

Retournant à main gauche nous sortismes par la porte *Saincte Estienne* & descendens enuiron six vingt pas, nous vismes le lieu ou ledict sainct fut martirisé, & a vingt pas delà il y a vne pierre ou la *moytié de son corps & de ses bras sont imprimez*, par ce qu'estant lapidé & voulant rendre l'ame, il tomba dessus.

Plus bas trauersants la *vallée de Josaphat*, nous passasmes vn pont de pierre qui est sur le Torrent de *Cedron*, & arriuasmes à l'Eglise de la *Vierge Marie*, qui est dans la mesme vallée en laquelle, il faut descendre par vn escalier fort large de quarante neuf degrez. Cest Eglise a quarante pas de long & dix sept de large & se voit à main droicte de l'escalier, le *Sepulchre de la Vierge* enfermé dans vn chapelle comme celuy de *Iesus-Christ*, longue de neuf pans, large de quatre & hault de trois & demy, tout reuestu de marbre blanc, occupant la largueur de la chapelle. Voicy comme est ledict Sepulchre.

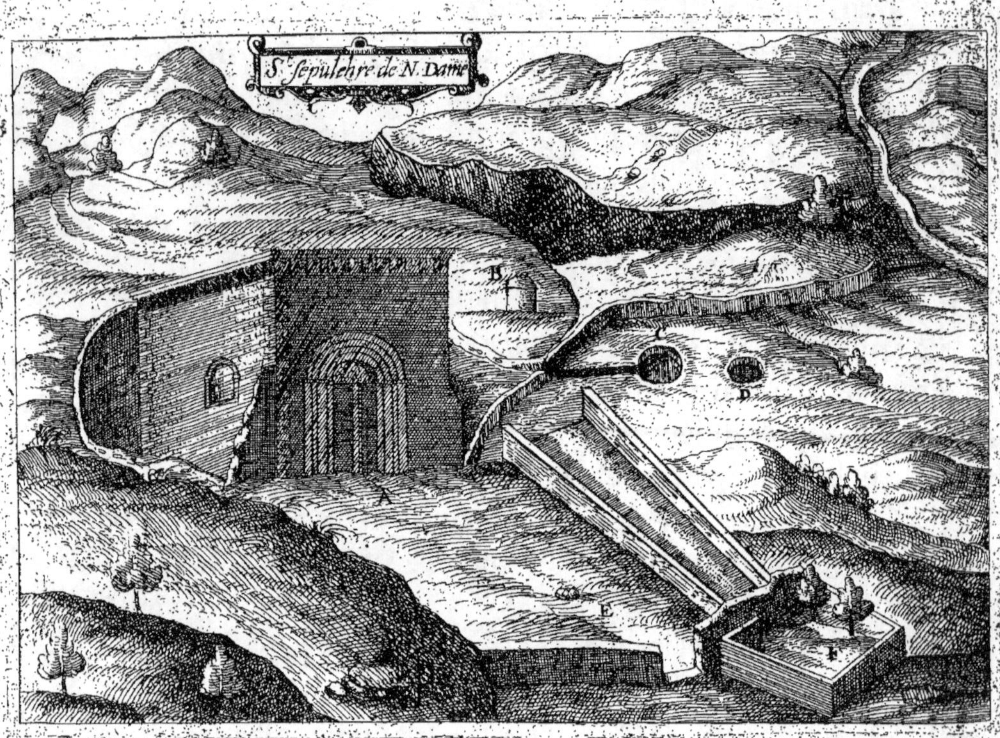

La Vierge fut bien enterrée la, mais le troisiesme iour
elle fut portée au Ciel, & pour ce subiect les *Turcs*, l'ont en
grande veneration, y ayant faict vne fenestre pour y dire
leurs oraisons.   L'on y tient continuellement vingt deux
lampes ardentes.   Ou nous apres auoir ouy la Messe, qui
nous fut dicte sur le *Sepulchre* mesme, & gaigné *indulgence
pleniere*, nous vismes le reste de l'Eglise, ou il y a d'autres
Autels appartenants aux Armeniens, Goffites, & Grecs, &
remontant l'escalier nous vismes deux chapelles, l'vne a
main droicte, ou est la *Sepulture de Ioseph*, longue de neuf
pans

*les Turcs
honorent
le Sepul-
chre de la
Vierge
Marie.*

pans, & large de deux, & a main gauche vne autre ou sont
deux sepultures l'vne *de Saincte Anne*, longue de dix pans
& large de quatre, & celle de *Ioachim son mary*, longue de
huict pans & quatre de large, lesquelles furent toutes ap-
portées la, lors que Saincte Heleine fit bastir ceste Eglise.

Sepultu-
res de S.
Anne, &
de Ioa-
chim son
mary.

Au sortir de laquelle se trouue vne Cisterne de fort bonne eau. Et a vingt pas de la montant, le *Mont d'Oliuet*, est
la grotte ou *Iesus* sua sang & eau, priant son Pere, de le vou-
loir exempter du *Calice de la mort*. Nous y descendismes
par dix marches, & y gaignasmes *l'Indulgence pleniere*. Elle
est longue de vingt trois pas & large de douze, & se voit
pres de l'entrée vn bout de colomne, ou l'on dit que l'Ange s'apparut a *nostre Seigneur*. C'estoit anciennement vne
chapelle bastie par *Saincte Heleine*, mais a present elle est
desmolie.

Grotte ou
N. Sei-
gneur sua
sang &
eau.

Sortant de la nous furent monstrées toutes les particularitez de ceste montaigne, & premierement le lieu ou
Sainct Thomas vit monter la Vierge Marie au Ciel qui luy
laissa tomber sa ceinture, & a main gauche l'endroict ou
elle reposoit souuent, & ou elle pria Dieu pour *Sainct
Estienne*, lors que l'on le lapidoit. Vn peu plus auant nous
vismes vn roc esloigné de vingt trois pas de la susdicte grotte, sur lequel sont miraculeusement engrauès les racour-
cissements des trois hommes couchez, par ce que sur iceluy s'endormirent *les trois Apostres*, qui estoient venus
auec *Nostre Seigneur* au iardin des Oliues, ausquels il dict
par plusieurs fois, s'ils ne pouuoient veiller auec luy, &
particulierement a *Sainct Pierre*, auquel il demanda *Simon
dormis*.

Lieu ou
N. Da-
me laissa
tomber sa
ceinture.

Racour-
cissemes
engrauez
dans le
roc.

A trente

Iardins
des Oli-
uies.

A trente pas est la porte du Iardin d'Oliuet qui est a present murée, mais les Chrestiens y ont laissé vn petit chemin
pour aller iusques aupres d'elle, a cause de l'*Indulgence pleniere*, que s'y gaigne, C'est icy que nostre Seigneur fut baisé
de Iudas, & prins des Iuifs, & ou Malchus perdit son oreille.

Dela nous montasmes assez hault a main gauche vers les
Sepulchres d'*Agee*, & de *Michee* cauez dans le roc soubs
terre, auquel lieu sont plus de cinquante autres Sepultures.

Sepul-
chres des
Prophe-
tes Agee
& Mi-
chee.
Porte do-
rée.

Dela montaigne nous descendismes en vne petite plai-
ne, de la valée *de Iosaphat*, ou estoit la ville de *Iethseman*, ou
IESVS laissa huict Disciples, allant a la susdicte montaigne, vis a vis de la se voit la porte dorée au muraille de la
ville, ou *nostre Seigneur* entra le iour des *Rameaux*, & l'on y
gaigne *Indulgence pleniere*, mais il faut dire les prieres de
loing, a cause que l'on ne sçauroit l'approcher pour les sepultures des Turcs. Non guerre loing d'icelle porte, l'on
voit sortir des mesmes murailles enuiron trois pieds vne
colomne, sur laquelle les Turcs affirment, que leur *Mahomet* sera assis au iour du Iugement.

Sepul-
tre d'Ab-
salon.

A main gauche de *Iethseman* se voit le *Sepulchre d'Absa-
lon* taillé & destaché du roc, qui est quarré auec quatre petites colomnes a chacun coing couuert d'vne pierre ronde, finissant en Pyramide.

Sepulou-
res de Io-
saphat &
Manasses

Pres d'iceluy sont les *Sepulchres de Iosaphat* & *Manasses*
cauez soubs terre & dans le roc. Vn peu plus bas vers Midy
suiuant la mesme vallée, nous vismes l'endroict ou Iesus
passant lyé & garotté, vn petit pont de bois du Torrent de
Cedron tomba sur vn roc, ou ses pieds, ses mains, & ses

Pieds,
mains &
rollons de

rollons sont fort bien grauez: les Iuifs par ignominie y vont piſſer d'ordinaire,& les Chreſtiens y gaignent *Indulgence* pleniere.

A main gauche ſur la montaigne,eſt la grotte ou *Sainct Iacque* ſe cacha , voyant que noſtre Seigneur eſtoit pris, *Saincte Heleine* y auoit faict baſtir vne Egliſe,dont la porte ſe voit encor accompagnêe de part & d'autre de quatre colomnes du roc meſme , & eſt la couuerture faicte en Pyramide.

Plus bas eſt la Sepulture de *Zacharie fils de Barachi*,qui fut tué entre le temple & l'Autel taillé dans le roc, & attaché a iceluy comme vne tour,quaſi toute ſemblable a celuy *d'Abſalon.*

Plus hault,& a main gauche,nous fut monſtré le *Mont* ſur lequel ſe pendit *Iudas*,& plus bas a main droicte,eſt la fontaine de *la Vierge ſacree* ou elle l'auoit les linges de ſon fils,ou l'on deſcend par trente degrez.

A l'oppoſite d'icelle eſt le *Mont de l'offention* ſur lequel ſe voyent les logis des concubines de Salomon , & ou il ſacrifia aux Dieu Moloch.

De la coſtoiant le mont de Moria,nous paſſaſmes ſur le bord de la *Piſcine-natatoire* , beaucoup plus petite que la Probatique,& vinſmes a la fontaine *de Siloë*,qui deſcouloit par autresfois dans ceſte Piſcine,ceſt la ou furent lauez les yeux de l'aueugle né,& ou il fut guary,les ruynes qui y ſont monſtrent qu'il y a eu par autresfois vne Egliſe.

Retournant a main gauche ſuiuant la vallée *de Joſaphat,* nous viſmes le lieu ou le *Prophete Eſayas fut ſcié* , ou les Turcs ont vne Moſquée.

Plus oultre eſt le *puis des Hebrieux*,profond de dix huict

N. Seigneur imprimé dãs le roc Grotte de s. Iacques

Sepulture de Zacharie.

Mont de Iudas. Fontaine de noſtre Dame.

Mont de l'offenſiõ.

Piſcine natatoire

Lieu où le brûlés

braſſées, ou les Iuifs lors qu'on les menoit en *Babilonne*, cacherent le feu celeſte lequel au retour ils trouuerent con-
uerty en eau graſſe qui bruſloit comme le feu meſme,
eſtant eſpandue ſur les victimes.

Grotte des Apoſtres.

D'icy nous retournaſmes tout court vers la ville, & paſ-
faſmes a *la Grotte* ou ſe cacherent les Apoſtres leur maiſtre
eſtant prins, S. Heleine y fit baſtir vne chapelle, dont il y
a encor quelque Moſaique de reſte.

Champ acheté des trête deniers.

Pres d'icy eſt la ſepulture des *Religieux Grecs*, dont la
porte eſt bouchée de pluſieurs groſſes pierres, & vn peu
plus loing, eſt le *Campo Sancto*, ou *Ager ſanguinis*, qui fut
achepté des trente deniers qu'on auoit donné a Iudas pour
pris de ſa trahiſon, & qui fut depuis deſtiné pour enterrer
les morts, & a ſeruy fort long temps pour le meſme effect,
eſtant tout creux par deſſoubs, & caué dans le roc, & voit
on d'en hault par pluſieurs trous qui y ſont, & par leſquels

Les corps n'y rendet puanteur

on deſuale les corps les vns apres les autres ſans qu'ils rendent aucune puanteur.

De la nous deſcendiſmes a *la vallée de Gion*, & laiſſant derriere bon nombre de Sepulchres anciens, tous taillés auec
grand frais dans le roc, nous paſſaſmes ſur le bord de la *Piſ-*

Piſcine de Berſa-bee.

cine de Berſabee longue de deux cent quarante pas, & large
de ſoixante. C'eſt icy que ſe baignât la *belle Berſabee* fut veuë
du *Roy Dauid*, luy eſtant en ſon palais baſty alors ſur le
mont de *Syon*, qui eſt pres d'icelle. Auiourd'huy elle eſt a
ſec l'eau coulant par deſſus la chauſſée, qui venoit anciennement de *fons ſignatus* conduicte par vn Aqueduct qui alloit en tournoyant enuiron dix huict mils de long, qui eſt
encor debout.

Nous entraſmes puis apres par la *porte de Rama*, & retour-

nafmes au logis de *nos Moynes*, d'ou nous fortifmes fur le
foir pour aller au mont de Syon. Et ayant paffé par le logis
des *trois Maries*, ou *Jefus* apparut le iour de la *Refurrection*,
entrafmes dans l'Eglife ou *Sainct Iacques le Maieur* fut decapité, laquelle eft *aux Armeniens*, qui outre l'Indulgence
pleniere que s'y gaigne , eft affez belle couuerte au milieu
d'vn *Dofme* percé tout en haut, d'vne couuerture ronde
fermée de grifles de fer: Et iuftement au deffoubs, il y a vne
cyfterne de vingt trois pas de quarrure.

Et puis nous fufmes au logis *d'Annas* Pontife , ou nous
vifmes vn Oliuier a fept tieges, & fort vif & verd, auquel *Je-*
fus attaché demeura vne nuict , tandis qu'on aduertiffoit
Annas de fa prife. Et pres dela, eft vne Eglife *d'Armeniens*
ou *Iefus* fut examiné.

Sortant par la porte *de Syõ* nous allafmes au logis de *Caiphe*
& defcendifmes par onze degrez, au lieu ou *S. Pierre* renia
Dieu trois fois.

C'eft la ou fe faifoit le feu, a l'entour duquel fe chaufoiét
les Iuifs, & fe voit encor a main gauche vn ban de marbre
blanc, fur lequel eftoit la colomne ou le coq chanta; Tout
contre eft vne *Eglife* au milieu ou *Iefus* fut interrogé, ou fur
l'autel eft la pierre qui bouchoit l'entrée du S. *Sepulchre,*
longue de fept pans, & large de quatre nommée cy deffus.
Ou ayant gaigné Indulgence pleniere, nous montafmes fur
la terraffe de la maifon pour defcouurir le lieu ou eftoit par
autresfois le Couuent des Religieux qui leur a efté ofté il y
a enuiron feptãte ans par les Turcs, pour s'en feruir de Mofquée, ou sõt *les fepulchres de Dauid, de Salcmõ & de plufieurs*
autres Roys. On voit encor au bout du iardin le refte d'vne

ancienne Eglise, dans laquelle sont trois colomnes mises au lieu ou *Iesus-Christ* fit la *Cene* auec ses *Apostres*, ou descendit *le Sainct Esprit*, ou *Sainct Thomas* mit la main dans son costé, ou les Apostres se separent. Et ou la *Vierge Marie* demeura depuis, & ou a ceste heure on gaigne cinq fois *pleniere indulgence*.

Dela nous allasmes derriere ce logis ou nous vismes vne muraille restée de la maison ou *ladicte Vierge* mourut, qui faict vne partie de l'enclos du couuent.

Pres dela fut enterré *Sainct Estienne*, & nous tirans plus outre a main droicte, nous vinsmes a l'endroict qu'estoit basty le Palais de *Dauid*, d'ou il vist *Bersabee*. Et dela retournant par le *Cimetiere des Religieux & Pelerins*, qui est encor sur ce Mont de *Syon*, & ou les chrestiens sont enterrez moyennant cinq sequins par corps qu'il faut donner aux Turcs, nous rentrasmes par la mesme porte que nous estions sortis, & allasmes voir le reste de l'Eglise de *Sainct*

Thomas, laquelle les Turcs voulans par plusieurs fois emploier en Mosquee, ont tousiours esté empeschez par vn *espouuentable Serpent* qui les vouloit deuorer.

Plus auant est la maison de *Saincte Marthe*, ou *Sainct Pierre* sortant de prison vint frapper a la porte, lors que les Apostres assemblez la dedans faisoient oraison pour sa deliurance: Il y a en cest endroict vne Eglise, que l'on tient la plus ancienne *de Ierusalem* gardée a present par les *Suriés*.

Puis nous passasmes soubs vne porte de l'ancienne ville appellée pour lors *porte de fer*, laquelle s'ouurit d'elle mesme a *Sainct Pierre* deliuré de prison. Et apres nous vismes la maison *de Zebedee* pere de *Sainct Iean l'Euangeliste*, & de

Sainct

fainct Iacque le Mineur. Et ayant paffé deuant la porte dudict *fainct Sepulchre,* nous retournafmes a noftre couuent.

Le lendemain nous fortifmes par la porte de *Rama,* &
ayant paffé pres d'vne Mofquee ou eft enterré le medecin
de Mahomet, arriuafmes au lieu ou font enfeuelis *les Roys*
de Iudee qui ont regné tiranniquement, lequel eft de cefte
maniere ; Nous entrafmes en vne cour quarrée de trente
fept pans taillée dans le roc, & puis couchez fur le ventre
nous paffafmes par vn petit trou, dans vne chambre taillée
dans ledict roc, & d'icelle dans trois autres de dix pieds de
quarrure, au tour defquelles font fix lieux, taillez femblablement dans le roc, ou l'on mettoit les corps fur des bans
de la roche mefme long de neuf pans, & large de trois, &
l'on entre icy dedans par des portes haultes de fept pans &
vifmes encores autres chambres plus outre, beaucoup de
fepultures, & tombeaux creux, taillez en forme de bierre &
ouuragez pardehors: Sortis de ces monuments, nous entrafmes dans la *grotte ou Ieremie fit fa lamentation,* laquelle
eft longue de vingt fix pas, & large de vingt trois, fouftenue
par vne colomne de la roche mefme.

De ce lieu nous retournafmes par *la porte de Damas* au
couuent, d'ou nous partifmes le lendemain par la *porte de*
Iaffa pour aller a Bethleem, & paffant fur la *Pifcine de Ber-*
fabee nous montafmes vne colline , & laiffafmes a main
gauche vn village *nommé Aurore* que les Chreftiens appellent *Malum confilium,* a caufe que les Iuifs auec Caiphe
y conclurent la mort de noftre Seigneur.

A vn mil de la nous trouuafmes l'arbre *de Therebinte*
ou la Vierge fe repofa, portant fon fils, pour le prefenter au
Temple

Sepultu-
res des
Roys de
Iudee.

Grotte ou
Ieremie
fit fa la-
mentatiõ

Chemin
de Be-
thleem.

Arbre de
Terebin-
te durent
encore.

Temple, & dict on que c'est le mesme de ce tèmps la

Vn peu plus auant est la fontaine *des trois Roys* ainsi surnommée , parce qu'iceux entrants en *Ierusalem* perdirent la leur estoille, & sortant elle leur apparut en c'est endroict. Nous vismes aussi pres dela, les ruines de la *maison du Prophete Abacuc.*

A la moitie du chemin de Ierusalem en *Bethleem* est vn Monastere de *Grecs* aßez fort a l'entour , auquel sont plusieurs choses notables & premierement vn rocher , ou dormoit Elye, quand l'Ange luy apporta a manger, & le fit, puis apres marcher quarante iours , & autant de nuicts, sans repaistre.

Puis apres vne fontaine, ou souuent le mesme *Prophete* beuuoit, & a main droicte nous furent monstrées les ruines *de la maison de Jacob*, & a main gauche le champ *de la Vierge*. Plus auant est le temple *de Rachel* basty par Iabob son mary couuert d'vn petit *Dosme* soustenu de quatres piliers, duquel les Turcs se seruent a present pour Mosquée.

Fontaine des trois Roys.

Maison du Prophete Abacuc.

Rocher d'Elye.

Fontaine d'Elye.

Tēple de la Vierge Rachel.

A. *Ierusalem.*
B. *La fontaine de Bethsabée.*
C. *Le Terebinthe de la Vierge Marie.*
D. *La maison de Simeon le iuste.*
E. *La cisterne des Mages.*
F. *La chapelle de Abacuc.*
G. *l'Eglise de S. Helie.*

H. *La forme de son corps.*
I. *La maison de Iacob.*
K. *Le champ de Iacob.*
L. *Le Sepulchre de Rachel.*
M. *Rama.*
N. *La cisterne de Dauid.*
O. *Le Monastere de Bethleem.*
P. *La maison de Ioseph.*

Q. *Le village des Pasteurs.*
R. *Le lieu des Pasteurs.*
S. *Tecua.*
T. *Les monts d'Arabie.*
V. *Le monastere S. Croix.*

Approchant plus pres de Bethleem, est la *cysterne* sur-nommée de *Dauid* a cause qu'il n'en voulust boire lors que les trois soldats luy allerent querir de l'eau au hazard de leur vie quand il estoit assiegé dans la ville.

Cysterne de Dauid

De ce

De ce lieu nous montasmes vers le couuent des Religieux qui est vn peu separé de la ville, & basty sur vne mo-
te, tellement qu il paroist plustost *forteresse* que *Monastere*.
Et entrasmes par vne grande porte en vne cour longue de
quatre vingt pas, & large de quarante huict ou ayant laissé
noz montures nous passasmes par vne autre porte petite &
basse, pour entrer au couuent ou nous fusmes tous côptez
par vn *Saton*, par ce qu'il faut payer vn medin par teste pour
l'entrée. Nous allasmes droict a l'Eglise, qui est fort grande,
& bien bastye longue de septante quatre pas, & large de
quarante sept a la croysée, la nef estant longue de quarante
deux, soustenue & embellie de quatre rangs de colomnes

de *marbre iaune & blanc*, a vnze colomnes par rang toutes
d'vne mesme grandeur & grosseur, ayant neuf pans de cir-
conference & trois toises de hault, & sont esloignees les
vnes des autres de sept pieds, sur lesquelles il y a vne muraille ouuragee & peincte a la Mosaique, auec plusieurs escri-
tures *Grecques & Latines*, qui va iusques a la toicture, dont
la charpenterie est de bois de Cedre, & la couuerture de
plomb, le chœur est enuironne de six grosses colomnes de
mesme marbre, & le dessus trauaillé a la Mosaique, & au
bas plusieurs autels sur l'vn desquels, est la *pierre sur laquelle*

Nostre Seigneur Iesus fut circoncis. Et sur la table d'vn autre
autel, est le pourtraict de *Sainct Symeon*, tenant vn enfant
entre ses bras naturellement representé, & ainsi trouué
dans ce marbre. Toute l'Eglise estoit anciennement pauée de *marbre*, lequel auec celuy de l'Eglise du *sainct Se-*
pulchre a este osté par les Turcs, pour estre emploié a l'em-
bellissement de leur Temple *de Salomon*. Dans le chœur de

chacque

chacque cofté il y a vne porte embellie de quatre petites
colomnes, & pieces de marbre, par laquelle on defcend, au
lieu ou *Iefus nafquit*, y ayant a l'vne & a l'autre treize marches, & dict on qu'a l'endroict de la premiere les trois Rois
entrerent pour l'adorer , & fortirent par l'autre, cefdictes
portes fe tiennent toufiours fermées & entre on ordinairement en bas par le couruert , auquel nous eftants rafraif-
chis vn peu, allafmes ouir la Meffe a vne autre petite Eglife
de *Sainste Catherine*, ou nous eftant donné a chacun vn
cierge a la main commenceafme la proceffion comme
fenfuit.

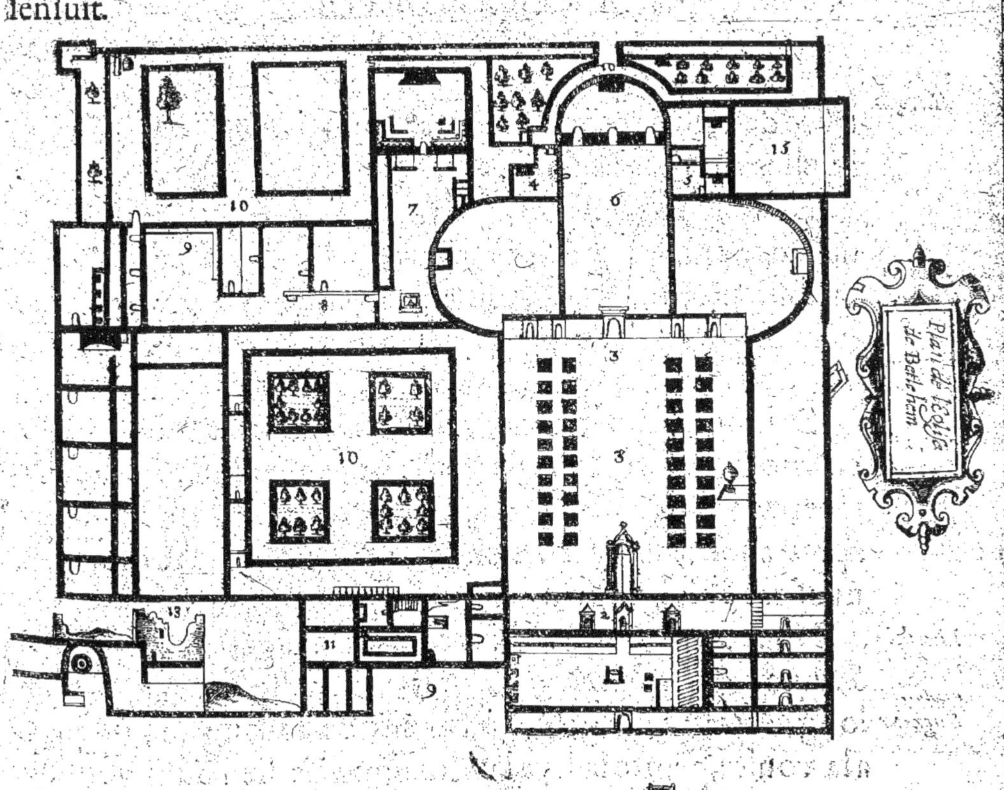

<table>
<tr><td>1. La premiere entrée.</td><td>7. L'Eglise S. Catherine.</td><td>13. Vne tour ruynée.</td></tr>
<tr><td>2. La seconde.</td><td>8. La demeure des Religieux</td><td>14. L'abitation des Armeniens.</td></tr>
<tr><td>3. La nef de l'Eglise.</td><td>6. Vne coutelle.</td><td></td></tr>
<tr><td>4. La chapelle des Grecs.</td><td>10. Les iardins.</td><td>15. Celle des Grecs.</td></tr>
<tr><td>5. L'autel de la circoncisio.</td><td>11. L'habitation ancienne.</td><td></td></tr>
<tr><td>6. Le chœur de l'Eglise.</td><td>12. Le refectoire.</td><td></td></tr>
</table>

Nostre procession doncques fut telle : nous descendismes par vingt neuf degrez, en vne *grotte* longue de sept pas & large de six, a main gauche de laquelle, est la sepulture de *Saincte Paule vefue Romaine & Eustochium sa fille*, & dela nous entrasmes dans la grotte, ou est la sepulture de *S. Hierosme*, & ou se gardent encor soigneusement son capuchon & son breuiaire. Car son corps a esté transporté a Rome, ces sepultures auec celle de *S. Eusebe*, qui est a l'entrée de ceste grotte sont toutes couuertes de tables sur lesquelles on dict la messe.

Sepulture saincte Paule, & Eustochium sa fille. Sepulture de S. Hierosm.

De celle cy nous entrasmes en vne autre grotte, longue de huict pas & large de sept, ou ledict *S. Hierosme* demeura plusieurs années, & translata la Bible *d'Hebreu en Grec & en Latin* & y a vn lict de pierre de taille ou il se couchoit vis a vis d'vne fenestre qui donne clarté a ce lieu.

Lieu ou demeuroit S. Hierome

Dela nous trauersasmes celles des *Innocens* & entrasmes en vne autre longue de six pas & large de cinq, en laquelle se retira *Ioseph*, tandis que la *Vierge Marie* accouchoit & apres auoir passé par vn chemin taillé dans le roc long de neuf pas & large d'vn.

grotte des Innocens,

Nous arriuasmes en la grotte ou chapelle, ou *Nostre Sauueur & Redempteur* nasquit, laquelle a quinze pas de long & quatre de large, & est haulte de douze pans iusques a la voulte, peinte iadis a la Mosaique. Le lieu ou il vouluft

Lieu de la naißance de nostre Seigneur

naistre

naiftre(comme vous pourrez voir par le deffain pofé cy
apres)eft marqué d'vne pierre ronde de *marbre ferpentin,*
qui eft deffoubs vn Autel vis a vis de l'entrée à main droite,
on defcend par trois degrez dans vne petite chapelle fouftenue de trois *colomnes,* en laquelle eftoit la *Creche de No-*
ftre Seigneur, qui a efté tranfportée a Rome, & mife en la
chapelle du Pape Sixte a *Saincte Marie Maior,* & ne refte
en la place qu'vne pierre de marbre longue de cinq pans
& large de trois, fur le bord de laquelle (qui eft efleuée de
trois doigts & va tout a l'entour) fe voit en vn *endroict* l'I-
mage de Sainct Hierofme couché naturellémét empreincte
dans cefte pierre. quafi au milieu eft vne petite colomne de
marbre Serpentin, haute de fix pans qui fouftient la voulte,
& c'eft en ceft endroict qu'eftoit le Bœuf & l'Afne qui ren-
doient quelque chaleur a *Noftre Seigneur* couché dans la
Creche.   Icy mefme a vn Autel a la place ou la *Vierge*
receut les *trois Roys,* & tout aupres eft vne pierre ou elle
fe mift oyant le bruict de leur venue.

Chapelle
ou eftoit
la Saincte
Creche.

Image de
S. Hieróf-
me em-
preincte
naturel-
lement.

T ij

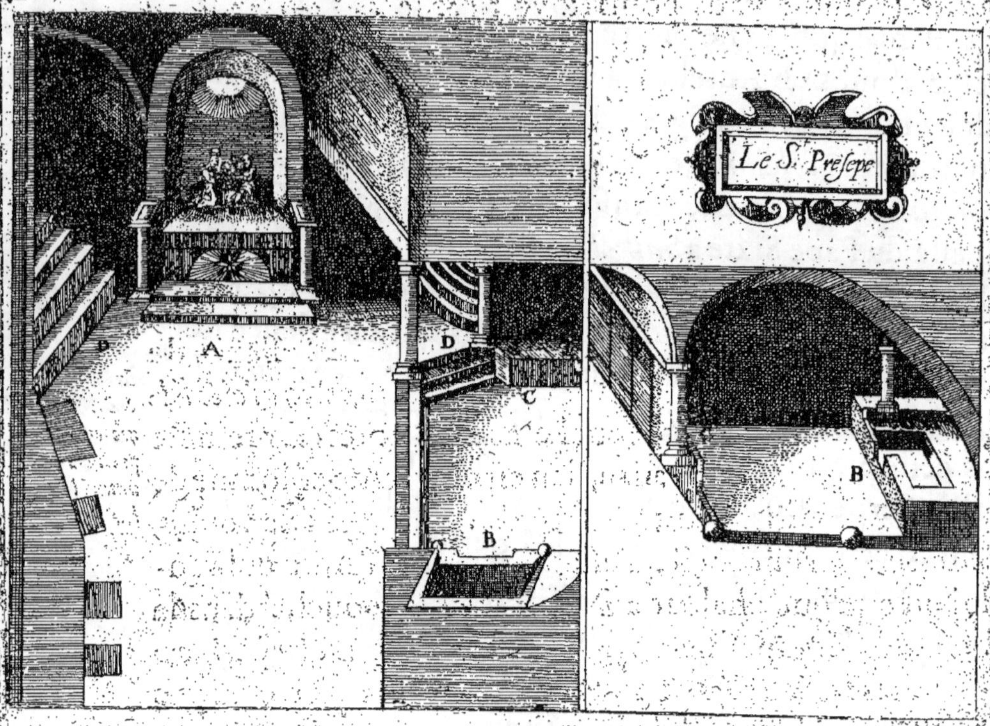

A. *Le lieu ou le Redem-* | B. *L'hostel des mages.* | D. *Descente des trois Rois.*
 pteur nasquit. | C. *Le lieu ou se retira la*
B. *Le lieu ou estoit la* | *Vierge quant les trois*
 Saincte Cene. | *Rois vindrent.*

Remontons a ceste heure les trois degrez dans la chapelle de la Natiuité, ou nous auons laissé vn trou, auquel escouloit l'eau des laueures que la Vierge faisoit des linges de son fils, & ou quelques vns disent, que l'*Estoille des Rois* tombaiusque au centre de la terre. Nous gaignasmes In-dulgence pleniere en *ces deux chapelles*, & retournasmes par le chemin & les mesmes *grottes* dans l'Eglise de Saincte Catherine ainsi appellée, parce qu'en ce lieu Iesus luy apparat paruſt, & luy donna vn *anneau* comme aſon eſpouſe, ou ſont concedées les meſmes Indulgences qu'au *Mont de Sinay*.

Dela nous allaſmes au couuent pour diſner & repoſer iuſques a la fraiſcheur, auquel temps nous partiſmes pour aller voir vne fontaine appellée *Fons ſignatus*, qui eſt ſix mils de la *Bethleem*. Il nous y falluſt deſcendre par vn trou aſſez difficile, comme dans vne grotte, ou ſe trouuent trois ſources fort grandes, que les Theologiens accomparent a la Trinité, & a la vierge; ceſt, ceſte eau qui eſtoit conduicte par vn grand Aqueduct mentionné cy deſſus.

Fons ſignatus.

Cyſterne des trois ſources.

Vn peu plus bas eſt le lieu ou *Salomon* auoit faict faire vn ſuperbe Palais, duquel ny reſte autres choſes que *trois Piſcines*, ou leau de ces fontaines eſt retenue; La premiere a cent cinquante pas de long & quarante neuf de large; La ſeconde qui n'eſt ſeparée que d'vne chauſſée, a cent ſoixante pas de long & cent quarante de large.

Trois Piſcine reſtátes du Palais de Salomõ.

Suyuant l'Aqueduct, nous paſſaſmes au long d'vne gráde, & fort belle vallée, longue de deux mils & large de cent pas, ou elle eſt enfermée de part & d'autre de deux haultes montaignes. Ce lieu eſtoit anciennement vn iardin appellé *Hortus concluſus*, arrouſé encor par le milieu d'vne fontaine, qui ſort d'vne de ces montaignes, & voit on auſſi les ruynes d'vn village, ou ſe tenoient anciennement les iardiniers qui les cultiuoient. A ceſte heure il n'y a que du bled, des carrouliers, & quelques autres arbres.

A deux mils dela, nous paſſaſmes par le *logis de Ioſeph*, ou il euſt aduis de l'Ange pour conduire la Vierge & ſon enfant en Egypte, & dela nous allaſmes au lieu ou le *Salut* fut

Logis de Ioſeph.

annoncé

annoncé aux Pasteurs, & le *Gloria in excelsis* chanté des Anges, Les Turcs mesmes portent grand respect a ce lieu , &
n'en voudroient aucunement emporter des pierres, disãt,
qu'ils ont veu arriuer grande punition a ceux qui le vou-
loient entreprendre.

Nous passasmes par apres par vn petit village, ou nous vismes vn puis surnommé de la Vierge, parce qu'ayãt vne fois
soif, & personne ne luy voulant puiser a boire, l'eau montã
d'elle mesme miraculeusement iusques en hault , ou elle
beut a son aise. Ayans tous beus curieusement de ceste eau,
nous retournasmes en Bethleem, & passant par la cour du
couuent, allasmes a *la grotte de la Vierge* qui est sur la mesme montaigne.

L'on descend dans ceste grotte par neuf degrez, & est
par dedans longue de neuf pans & large de sept.

La S. *Vierge* fuyant la fureur des gens *d'Herode* se cacha la,
& de la grãde fraieur qu'elle eust perdit son laict. Mais aussi
tost elle eust son recours a Dieu, & l'ayãt prié , luy en reuint
en si grande abondance qu'il s'en espandist quantité en ce
lieu. Et depuis, ceste terre a tant de vertu, que non seulemét
les femmes, mais aussi les bestes ayant beu sur icelle recou-
urent le laict, & est ce miracle si euident que les Turcs mesmes s'en seruent.

Nous fismes la dessus la retraicte au couuent, attendant le
lédemain pour nous retourner en *Hierusalẽ*, & pour mieux
cõmencer nostre voiage, nous ouismes la Messe, & laiβãt le
chemin a main droicte, descédismes dans la campaigne ou
Sẽnacherib fut deffait auec cent octante mils cinq cents hõmes en vne nuict par l'Ange, pres d'vn village nommé Bou-
cicelle.

Puis apres passant par vne fort belle vallée longue d'enuiron sept mils & pleine de vignes, arriuasmes a la fontaine
de *Sainct Philippe*, a sçauoir ou cest Apostre baptisa *l'Eu-*
nuque de la Royne Candace. *Saincte Heleine* y auoit faict
bastir pour memoire vne Eglise & vn couuent, mais a ceste
heure tout cela est ruyné.

Dela nous passasmes au long des *montaignes de Iudée*, &
allasmes au desert ou *S. Iean Baptiste* demeura iusques a l'aage de douze ans viuant fort austerement, comme on peut
voir dans l'Euangile. L'on voit sa *grotte* taillée dans le roc
sur le pendant d'vne montaigne, & pour y aller il faut descendre enuiron vingt deux degrez, & dela remonter d'autres degrez faicts du roc mesme pour entrer dedans, laquelle est longue de neuf pas & large de quatre; la dedans
y a vn ban longue de neuf pans & large de trois, ou *ledict*
Sainct se couchoit.   Et puis il y a vn petit lieu en oualle
taillé aussi dans le roc, ou il prioit debout, & puis apres vn
poulpitre qui respond sur la vallée, d'ou il preschoit au peuple l'on auoit basty vne Eglise & vn couuent au dessus,
mais il ne reste plus que l'Eglise presque entiere, longue
de douze pas & large de sept.   Aupres de laquelle il y a
vne *belle fontaine ou Sainct Iean* beuuoit, & vn arbre de
Caroubier qui est encor a present, & qui luy fournissoit
son viure.

A cinq mils de la nous arriuasmes au lieu ou la *Vierge Ma-*
rie vint visiter *Saincte Elizabeth* sa cousine. C'est vne chapelle taillée dans le Roc, sur laquelle sont les ruynes d'vne
Eglise, bastie par S. *Heleine* de la chābre de *Saincte Elisabeth*
                                                    ou fut

ou fut premierement chanté le *Magnificat* par la *Vierge*,
& ce chant prononcé par sa Cousine, & y a a ceste heure
Indulgence pleniere.

Puis apres nous passasmes pres d'vne *fontaine dicte*
Sainct Iean, ou l'on nous dict que la Vierge beut, en allant

Village
ou demeu-
roit Za-
charie.

voir sa Cousine, & plus haut est le village ou se tenoit *Za-*
charie, ou Saincte Heleine fit bastir vne belle Eglise auec
vn Dosme qui reste encor en son entier. Au dedans il y a
dans vne chapelle vn Autel au lieu ou nasquit *Sainct Iean*
Baptiste, ou l'on gaigne *Indulgence pleniere*.

Maison
de Sainct
Simeon.

De la nous passasmes par la maison de *Sainct Simeon*, qui
est vne haute tour au dessus d'vne colline couuerte en dosme, *S. Heleine* fit aussi bastir vne chapelle en ce lieu, qui
est encor quasi sur pieds. Et puis nous allasmes a l'Eglise de

Eglise
Saincte
Croix.

Saincte Croix, qui est vn monastere tenu par les Georgiens,
l'on voit dans icelle soubs le grand Autel vn trou quarré
enrichy de marbre auquel fut prins vne partie de la Croix
de *Nostre Seigneur*, qu'on tient auoir esté d'*Oliuier*. Tout le
reste de ce bastiment la, est grand & spacieux duquel nous
partismes pour aller coucher a *Ierusalem*.

D'ou nous sortismes le iour ensuiuant par la porte de
Syon, & allant au long de la muraille, passasmes pres d'vne
chapelle ruynée, bastie a l'endroict ou les Iuifs voulurent
rauir le corps de Nostre Dame, les Apostres le portants en

Grottou
S. Pierre
pleura.
Porte di-
cte Ster-
quilinia.

terre. Et ayant veu plus auant *la grotte ou Sainct Pierre*
(apres auoir renié son Maistre) alla pleurer amerement,
nous passasmes deuant la porte dicte *Sterquilinia*, par laquelle les Iuifs apres qu'ils eurent prins *Iesus*, craignant
l'esmotion du peuple, le menerent par les rues destournées
                                                      au logis

au logis *d'Annas*, par ce que lors ceste porte estoit fort peu frequentée.

Dela continuant nostre chemin nous vismes l'arbre que *Iesus-Christ* maudit, & laissant derrier les ruines de la maison de *Simon le lepreux*, en laquelle *Iesus* banqueta auec le Lazare, & puis celle du chasteau fossoié dudict *Lazare*, nous arriuasmes au village de Bethanie.

Nous allasmes la voir le lieu ou estoit enterré le *Lazare*, lors que *Nostre Seigneur* le resuscita, qui est vne *grotte* assez petite, en laquelle on descend par vingt sept degrez, dont le *Turc* tient la clef, & n'y laisse entrer les *Chrestiens* qu'en payant. Il y a *Indulgence pleniere*, comme aussi a vne Eglise ou nous fusmes, bastie par Saincte Heleine, aupres de la maison de la *Magdalaine* a present toute ruynée a vn traict d'arbalestre de laquelle, est la maison de *Saincte Marthe*, accompagnée par autresfois d'vne Eglise.

L'on nous monstra puis apres vne pierre faicte en oualle & sortant a moitie de terre, sur laquelle l'on tient *Iesus* auoir esté assis, lors que *Marthe & Magdaleine* le vindrēt trouuer, & luy dirent, *Domine si fuisses hic, frater meus non fuisset mortuus.* Il y a aussi indulgence pleniere, & nest point permis aux pelerins d'en emporter des pieces.

Apres auoir passé par vn autre vilage ruyné appellé *Betfage*, ou *Nostre Seigneur* enuoya prendre l'Anesse auec son petit, pour faire son entrée en la *Saincte Cité* le iour des *Rameaux*, nous montasmes au sommet du *mont d'Oliuet*, pour voir la chapelle qui a esté bastie a l'endroict ou *Nostre Seigneur* monta au Ciel. Elle est ronde ayant dix pas de diametre, & couuerte en *Dosme*, les Turcs s'en seruent de

V   Mosquée

Mosquée,& ny laissét entrer les Chrestiens qu'en payant vn *medin par teste.* Au dedans on voit vne pierre de marbre ou est demeuré imprimé *le sacré pied de nostre Seigneur,* qu'il laissa montant au Ciel, il y en auoit bié deux, mais les Turcs en ont emporté vn pour mettre au Temple de Salomon.

*Pied de N. Seigneur em preintdãs le marbre.*Par autresfois il y auoit la vne grande Eglise bastie a la memoire *de l'Ascension,* mais a ceste heure il n'en reste plus rien que les fondements. Nous vismes aussi pres de la le lieu, ou *Eglise de l'Ascension ruinee*l'Ange apporta la palme *a la Vierge,* en luy annoncant sa mort. Vn peu plus bas est le lieu, ou *des Apostres* virent les Anges, criants *viri Galilæi.* Puis nous fut mõstré l'endroict, ou les Apostres demanderent a Nostre Seigneur, quel signes precederoit le dernier iugement. Et tout pres dela se voient les ruines d'vne grande Eglise autresfois bastie par *Lieu ou fut enseigné le Pater noster.**Saincte Heleine,* aux endroicts que nostre Seigneur enseigna a dire le *Pater noster,* & ou les Apostres apres sa mort composerent le *Credo.*

*Lieu ou N. Seigneur pleura sur la Cité.*Approchant puis apres de la ville, nous vismes le lieu ou *Iesus-Christ* pleura sur la cité, & dela retournasmes a nostre conuent ou nous auions logé, depuis le deusiesme d'Aoust iusques au vingt sixiesme, & pour cela il est raisonnable, qu'apres vn si long seiour nous mettions aussi fin a ceste partie, laquelle a cause des continuelles redictes, qu'il faut employer a la description de ces lieux Saincts, aura esté plus ennuyeuse que les autres. Mais pour ne rien oublier il estoit necessaire d'en passer par la, puis que mon intention n'a point esté autre que de simplement raconter les choses comme ie les ay veu.

CINQVIESME
PARTIE

QVITTONS (*puis qu'il le fault*) *ceste Saincte Cité, mais auec regret, d'aultant qu'il me semble l'ouyr elle mesme reprochant auec plainctiues parolles, a tous les* PRINCES *Chrestiens leur nonchalance, de la laisser si long temps entre les mains des Infidelles, reclamant en mesme temps la memoire de son preux & vaillant* GODEFROY DE BOVILLON, *de la tres-Illustre maison de* LORRAINE, *qui la deliura vne autre fois de la subiection des Barbares. Mais puis que les plainctes sont en vain, & que personne aussi bien ne les escoute, laissons les la, & continuons nostre voyage par ceste cinquiesme partie, en laquelle nous descrirons tout ce que nous auons veu au despart de ladicte Cité iusques a ce que nous serons prests a sortir du grand Cair.*

Le vingt sixiesme d'Aoust nous prismes congé de la ville de *Ierusalem*, & accompagnez des Soldats du *Sanlac* de ce lieu, retournasmes a *Rama*, d'ou apres auoir seiourné huict iours, tandis qu'on preparoit nostre vaisseau, nous allasmes a *Iaffa* pour faire voile.

V ij

Dela

Ville de
Damiete
bouquier
forteresse.

Dela & auec bon vent, ayant passé premierement deuant la *ville de Damiette*, nous arriuasmes au Bouquier forteresse esloignée d'Alexandrie enuiron de vingt mils, ou
nous attendismes trois iours durant vn truchement auec
deux Ianissaires pour nous conduire. Lesquels venus auec

Vaisseau
appellé
Germe.
Ville de
Roussette
située sur
le Nil.

vne sorte de vaisseaux qu'on appelle Germe, nous nous
embarquasmes dessus pour aller a *Roussette ville* située sur
le Nil, enuiron a huict mils de la Mer, & qui doibt estre appellée belle, d'autant que les maisons y sont bië basties, enrichies de dorure & peincture, choses rares en ces prouin-

Ses com-
moditez.

ces Et d'auantage elle est abondante en toutes choses, tant
pour le commerce, que pour la vie humaine, parce qu'en
ce lieu toutes les marchandises qui viennent d'Alexandrie
se deschargent la, sur d'autres vaisseaux pour estre cõduites
au *grand Caire*.

Nous pareillement ayants prins vne autre Germe, montasmes le Nil pour lors assez desbordé, & laissant de part

Nombre
de beaux
villages
& iardins
sur le Nil.

& d'autre derriere nous beaucoup de bõs villages & beaux
iardins, passasmes deuant vn lieu appellé Salomon, qui est
vn village iustement a moitie chemin de Roussette, au grãd
Caire, & dela en auant ne se voient plus, ny de si beaux villages, ny de si belles campaignes, iusques a six mils de Boulacque.

Veuë des
Pyrami-
des d'E-
gypte.

Et enuiron cinquante mils loing dudict lieu, nous commenceasmes a descouurir *les Pyramides d'Egypte*, tant re-
nommées par toutes les histoires, & ayant faict encor trẽte
mils, nous vinsmes a l'endroict ou le Nil se separe en deux
bras principaux, sur l'vn desquels nous estions, & s'appelle
de *Roussette*, & l'autre de *Damiette*.

Le

Le dix-huictiesme de Septembre nous arriuasmes a *Bou-* *Boulac port du grand Caire.*
lacque, qui est le port de ceste grande ville, ou il nous fal-
lut payer *vn Piastre* par teste, & au lieu d'aller par terre iusques a la ville, nous nous seruismes pour commodité du
desbordement du Nil, & nous mismes sur le canal qu'ils *Canal ap-pelle Ca-lis.*
appellēt *Calis*, auquel il n'y a que trois mois l'année de l'eau
& lors qu'elle est retirée, l'on y ioue au palemail. Il est a six
mils du port susdict, & passe au plus beau de la ville. Et nous
y ayant faict quasi quatre mils, arriuasmes au logis du *Vis-*
consul françois, qui nous receut auec fort bon visage, com- *Arriuee au grand Caire.*
me luy estant recommandé par lettres de *Monsieur de*
Breues, que nous auions laisse a *Roussette*, & du consul d'*A-*
lexandrie. Pour ce subiect il nous fit toute sorte de courtoi-
sie, tant pour nous faire bien loger & biē traicter, que pour
nous conduire par tout les endroicts de la ville, que nous
desirions de voir.

Et puis que nous sommes en vne si celebre ville, ie pren- *Grand Caire di-uisée en quattres Villes.*
dray peine, a vous la descrire le mieux que ie pourray. Elle
est diuisée en quatre villes. Dont la premiere est surnōmée
Boulacque. La seconde, est le *nouueau Caire*, la troisiesme, le
vieux, & la quatriesme *celle de Caraffa*, & sont toutes quatre
quasi ensemble, tellement qu'elles ne paroissent qu'vne
seulle, ayant plus de trente mils de tour, & n'est enfermée
de murailles que d'vn costé, ayant les maisons assez escar-
tées pour les grandes ruynes qui y sont, & les iardins qui les
separent. Chasque rue a *deux portes* qui se ferment de nuict,
& y a, a chasque porte, *vn Capitaine* pour y cōmander, mais
la principale force de ceste ville cōsiste, en la multitude de
peuple, & des soldats qui si treuuent, & pour ne parler que

des

des gens de guerre, il y a *cinq mils Spais*, *quinze mils Ianif-*
faires, deux mils Mutasfaraga, & deux mils Chaous. I. Les
Spais ne sont iamais qu'a Cheual par la ville, & en ont d'auf-
si beaux, que i'aye iamais veu ailleurs: Car ils sont puissants
les membres forts & bien trauersez, au contraire de ceux
de Turquie.

Quant aux maisons particulieres elles sont telles par dedãs *enrichies de dorures & peintures* & quasi toutes ouuer-
tes par le dessus, mais le dehors n'en est guieres beau, a cause
qu'il est de terre hors mis celles, qui sõt sur le *Canal*, qui sont
reuestues enuirõ la haulteur d'vn homme de pieres de taille
pour les deffendré des ruines que l'eau ameine auec soy.

L'on nous asseura qu'il y auoit en ladicte ville iusques a
dixhuict mils rues, & vingt quatre Mosquées, dont la plus
grãde se nomme par eux Bemaasar, en laquelle il y a trente
colomnes de marbre, de fort rare, & excellente beauté.

Boulacque est fort longue aiant sur l'eau nombre de belles
maisons, qu'ils appellent *Caruaserat.* Entre ceste ville & le
nouueau *Caire* il y a vne fort grande place nommée en leur
langue *Lesbrechi* laquelle alors que le Nil est desbordé, est
toute pleine d'eau.

Le *nouueau Caire* ainsi appellé a present, a particulieremét
trois grandes rues, qui vont respondre *au Basar & Cancali*,
qui sont en ceste forme. Le premier comme vn *Palais*, &
l'autre vne place descouuerte, & ou a toutes deux se védent
diuerses besongnes & marchãdises. *Dans le vieux Caire* sont
deux Eglises de *Chrestiens* dont l'vne est appellée *S. Marie,*
desseruie par des *Coffites*, en laquelle en peut voir, vne chãbre, qui a seruy fort long téps de retraicte a la *Vierge Marie,*
lors qu'elle s'enfuit en ce pais auec son fils & Ioseph, & ou

ſe conſerue auſſi fort ſoigneuſemét vne table a preſent em-
ploiée pour vne Autel, ou leſdictes ſainctes perſonnes mã-
geoient, l'autre Egliſe eſt de *S. George* appartenante aux
Grecs ou tous les Francques mourãts en ceſte ville ſont enterrez, dans vne chapelle dediée a ceſte fin. Le *chaſteau de
ceſte ville* eſt ſitué au leuant & entre luy & la ſudicte ville eſt
la quatrieſme ſurnõmée *Caraffa*, anciennement beaucoup
plus grande & plus habitée, mais a preſent fort ruynée &
deſpeuplée, ou ſe voit encor de reſte les ſept greniers de Ioſeph, qu'il fit baſtir du temps de *Pharaon*, comme auſſi l'on
peut voir au chaſteau vn beau & grand puis que l'on dict
eſtre de ſa façon. Toutes ces quatre villes cõme a eſté dict
cy deſſus ne ſont comptées que pour vne, ſouble nom du
grand Caire, auquel lieu, outre tout ce que nous auons dict
y a vn merueilleux traffique principallement *en Poyure*,
Saffrã, Lin, Cyuette, Beſoar, & autres choſes rares. Tout ce
que deſſus ſe pourra mieux voir en la page ſuyuante.

A pres auoir bien veu ceſte ville, nous allaſmes a la *Meteree,*
a ſix mils dela, & pour ceſt effect il nous falluſt monter ſur
des aſnes, d'aultãt que les *Egyptiens* ne permettét point aux
Chreſtiés de monter a cheual diſants qu'ils en ſont indignes.
La Meteree, eſt le lieu ou la Vierge ſe ſauua auec ſon cher
fils fuiant la perſecution d'Herode.

L'on voit la vn figuier tout ouuert & fédu, qu'on dit s'eſtre
mis en ceſt éſtat pour receuoir *Ieſus-Chriſt*, & tout aupres
ſortit miraculeuſement *vne fontaine*, laquelle court encor
pour le iourd'huy. Les *Mores* meſmes la tiénét pour ſaincte
& croiét qu'éſtant beue elle guarit de la fiebure. L'on nous
monſtra auſſi enchâſſee dãs vne muraille vne pierre ſur laquelle la *Vierge* s'aſſeoit ordinairemét, & au deſſous il y a vn

Grenier de Ioſeph.

Puis du Caire

La Meteree.

Figuier fendu.

Fontaine miracu-leuſe.

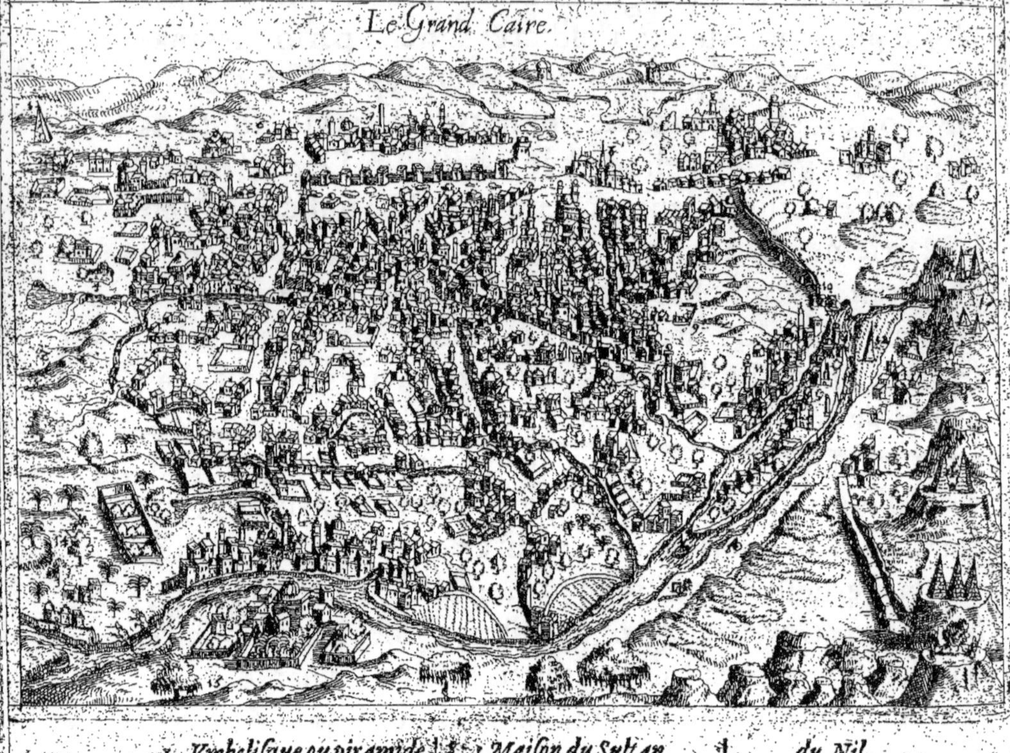

1. Vmbelisque ou piramide.
2. En ce lieu le Baulme se cueil.
3. Palay de Campsonius.
4. La se lauent les linges.
5. Montaignes.
6. Hospistal.
7. Sepultures des grands.
8. Maison du Sultan.
9. Magasin des grains
10. Sources des eaux qui sõt cõduicts par aqueduques dãs le Chasteau.
11. Vieux Caire.
12. La colomne où l'on recognoit la croissance du Nil.
13. Roüe par lesquelles l'on tire l'eau pour arrouser les iardins.
14. Lieu où se font les tournois.
15. Arbres de Casiers

Autel auec vn petit oratoire ou nous ouismes la Messe.

Iardins ou sont les arbrisseau portansle iseaum: En cest endroict est le iardin, ou ceste tant pretieuse goutte *de Baulme* est recueillie de la couppe de certains petits arbres qui ne se trouuent que la, mais par ce que chacun en a ouy parler nous nous en retournerons a la ville,

pour

pour puis apres aller voir les *Pyramides* comptées de tout temps, entre les sept miracles du monde.

Noftre chemin fut par la *vieille & neufue ville*, & vne Mofquée nommée *Elchial*, lieu auquel ceux du Caire mefurent l'accroiffement & defcroiffement du Nil, & parce que nous y fommes il me femble a propos auant que paffer plus outre de dire quelque chofe de cefte riuiere, & de fon defbordement annuel.

Le *Nil* eft le plus long fleuue qui foit au monde, que l'on tient auoir fa fource au *Paradis terreftre*, & paffant par le pais du *Prebftre* Iean, *&* de l'*Egypte*, entre par fept bouches dans la mer, a l'endroict de *Damiette & de Rouffette*. *Defcription du fleuue du Nil.*

Le pais qui eft a l'entour de cefte riuiere eft fort fterile de foy mefme, & ne rapporteroit quafi rien, n'eftoit que fe defbordant tous les ans, ce fleuue engraiffe tellement auec la boue qu'il ameine les terres voifines, que par apres elles font de fort grand rapport. *Pays d'Egypte rien du fertil par le Nil*

Depuis le quinfiefme Iuin iufques au vingt deufiefme certains deputez de la ville vont a la fufdicte Mofquée, & en preinnent de la terre, la pefent & repefent iufques a ce qu'ils treuuent qu'elle deuient plus pefante, & alors ils iugent par la que le Nil commence a croiftre, & le vont auffi crier par toute la Ville, dequoy il fe faict de grandes réfiouyffances, d'autant qu'ils difent que c'eft la *goutte de Dieu*, qui leur eft enuoyée du Ciel. Puis apres ils vont fucceffiuement crier tous les iours qu'il eft creu de tant *de doigts* felõ qu'ils l'ont trouué en vne colõne, qui eft en cefte Mofquée, leur obferuation generale eft que c'eft figne de bonne année quand le Nil croift iufques a vingt deux picques, & de *Efiouyffance du peuple a l'accroiffement du Nil.*

X

Accroiße-
ment ex-
cefsif du
Nil fort
domma-
geable.

mauuaife s'il ne paffe les dix-huiɛt, s'il excede les 22. il eſt *fort dommageable au pays* , & s'il arriuoit iufques au 24. il fubmergeroit quafi tout le pays, & nous diɛt on, que pour eſtre creu, il y a enuiron cent ans iufques au 23. il noya par ce moyen beaucoup de contrées.

Lors que nous y eſtions qui eſtoit le vingt troifiefme Septembre il paffoit defia vingt & vne picque, qui eſt vne me-fure *de vingt quatre doigts pour picque*, & il croit touſiours iufques a la fin dudiɛt mois, & dela en auãt il diminue tous-iours & faiɛt a faiɛt que la terre fe defcouure, ils y fement des *Trefles*, & iceux venus, laiffent herber leur cheuaux , &

Froments
recueillis
en Mars
& Apuril

quelque temps apres, ils femét *leurs froments*, qu'ils recueil-lent en *Mars, & en Apuril.* Le defbordement, outre la fertilité qu'il apporte, caufe vne grande commodité qui eſt,

Le Nil
raffrai-
chit l'air.

de raffraichir *l'air* fans quoy on ne pouroit durer-la , a caufe des grandes chaleurs, & qu'il ny pleut iamais. Mais en re-compence , ils font fort curieux d'arroufer leurs rues en tous temps pour leur fanté.

Apuril &
May dan-
gereux en
Egypte.

Les mois d' *Apuril & May* font les plus dangereux, a cau-fe, qu'ils font touſiours accompagnez d'vn grãd vent, ame-nant auec foy des *fiebures* comme *peſtilentielles.* Voila ce qui m'a femblé de vous dire auant qu'aller plus loing.

Continuons a ceſte heure noſtre deffein : laiffant ceſte Mofquée, nous paffâfmes trois fois l'eau, a caufe du fufdiɛt defbordemét, paffants au deffus d'vne Digue nous vinfmes

Pyrami-
des admi-
rables.

au pied de ces *trois Pyramides*, vrayement admirables , a-caufe de leur hauteur & groffeur.

Premie-
re Pyra-
mide.

La plus haulte a par le *pied trois cent pas* de quarrure , qui font douze cents de tour, fa hauteur peut auoir *fix cẽt pieds.*

L'on

L'on dit qu'elle fuſt baſtie par *Pharaon* durant la captiuité *ſa meſure*
des enfans d'Iſrael,qu'il emploia au trauail de ceſte grande
piece,les pierres dont elle eſt conſtruicte ſont quaſi eſgal-
les ayant trois pieds de long,& deux de large & autant d'e-
ſpoiſſeur,le ſommet encor que pour ſa haulteur il paroiſſe *ſonſömet.*
en poincte, ſi eſt il faict en terraſſe de *21. pied de quarrure.*

  Nous entraſmes dedans deſcendant premierement cin- *Deſcri-*
quante pas,puis remontant enuiron quarãte nous tiraſmes *ption de*
par vne allée large de quatre pieds & cinq de hault,& lõgue *la meſme*
enuiron de trente pas qui a au bout vne petite *chãbre quar-* *Pyrami-*
rée enuiron de huict pas,mais toute ruinée & pleine d'or- *dans.*
dure,& retournant par la meſme allée,nous viſmes a main
droicte la bouche *d'vne cyſterne* fort profonde & grande,
& *montant ſoixante ſix marches* nous entraſmes *en vne chã-*
*bre,fort haulte reueſtue de marbre,*longue de *quarante pieds*
& demy,& large de vingt & vn,ou l'on voit vne grãde pier- *Caiſe de*
re creuſe de *marbre Thebaicque,*qui eſt eſpoiſe de trois ou *pierre*
quatre doigts,longue de douze pas,large de cinq, & pro- *Thebaic-*
fonde de cinq & demy. La piere en eſt ſi fine,que touchant *fine,*
deſſus auec vn autre, elle ſonne clair comme vne cloche.

La ſeconde *Pyramide,*eſt vn peu moindre que l'autre,& ne *Seconde*
monte on au deſſus a cauſe qu'elle eſtoit toute couuerte de *Pyrami-*
marbre y en reſtant encor par le hault enuiron quatre pieds.

La troiſieſme beaucoup pl⁹ petite que celle cy,fut baſtie par *Troiſieſ-*
Rudolphe pour luy ſeruir de ſepulture,tant d'Auteurs eſcri- *me Pira-*
uent de la rare é,& excellẽce de ces edifices,que nous n'en
parlerõs plus.Mais auãt que retourner a la grãde ville nous
irons voir les Mõmies choſes auſſi rares & remarquables. *Teſte mõ-*
A vn mil de la,no⁹ viſmes *vne teſte taillee,*& attachée au roc *d'un Co-*
quils appellẽt la teſte de *Pharaõ,*aiãt le viſage de la haulteur

au moins de douze pieds, & la largeur proportionnée a cela. Puis laissant beaucoup d'autres petites *Pyramides*, auec
le lieu des *Mommies* derriere nous, & a dix mils des grandes *Pyramides* allasmes coucher cinq mils plus loing, en vn
village ou se tiennent ceux, qui ont accoustumé de monstrer lesdictes *Mommies*.

Lieu ou sont les Momies.   Le lendemain matin, nous vismes encores deux *grandes*
Pyramides, qui sont de l'autre costé de ce village, & puis
nous allasmes voir ces campagnes, ou sont vne infinité de
tours quarrées & reuestues de murailles tout a l'entour.

Nous fusmes auallez dans vne de celles cy liez d'vne cor-
de, & chacun vn cierge en la main, & quand nous fusmes
en bas, nous nous coucheasmes sur le ventr. pour entrer
Momies sont corps morts em baulmez incorruptibles. dans plusieurs chambres voultées, ou se voient quantité de
corps morts iettez les vns sur les autres, & enueloppez de
bandes de linges.

Petites I-doles dãs les Mom-mies. Ce sont les corps, que l'on appelle des Mommies lesquels par autresfois on embaulmoit, & enterroit en ces
lieux, & pour ceste raison se sont conseruez tant d'années,
sans se corrompre, que mesme nous en vismes, qui estoient
encor reuestus de peaux & ongles, entre celles la s'en treuuent plusieurs accompagnez de petites Idoles, que ces anciens faisoient par superstition enterrer auec eux.

Ayans veu tout cecy auec beaucoup de curiosité nous retournasmes par vn autre chemin a la ville, d'ou nous partismes
le vingt septiesme
Septembre.

SIXIESME
PARTIE.

OVS voicy pres de la fin de noſtre voiage, & de noſtre hiſtoire, & comme d'icy nous nous en retournons droiċt a *noſtre Patrie* ou chacun ſe reſiouiſt d'aller, nous prendrons auſſi courage pour vous acheuer de conter, ce que nous auons veu iuſques a ce qu'apres vne longue, & facheuſe nauigation nous auons mis pieds a terre aupres de Naples.

Eſtant donc reſolus de quitter le grand Caire. Nous nous embarquaſmes a *Boulacque* ſur le Nil, ou nous n'euſmes beſoing d'aulcun voile. D'aultant que le courant de l'eau nous portoit ſi fort, que les Mariniers auoient peine de nous empeſcher que nous n'alliſſiõs a chaſque coup en terre; Mais cela ne dura pas tãt que nous euſſiõs voulu, d'au tãt que le vent contraire nous priſt, qui nous contraignit d'aborder, au deſſoubs d'vn vilage pour nous aſſeurer de l'impetuoſité du vent. *Courant du Nil impetueux.* *vent contraire.*

Tout le long de ceſte riuiere, ſy trouuent force volleurs qui courét dans des petites barques & quand ils trouuent des *Chreſtiens* a leur aduantage, ils les pillent, prennent, & tuent quelquefois, & pour ce ſubieċt nous nous tenions ſur nos gardes, ayants continuellement *nos harquebuſes & nos piſtolets* preſts, faiſans touſiours deux des noſtres ſentinelle *Voleurs ſur le Nil*

nelle la nuict:Et de faict nous vismes plusieurs fois , de ces
barques chargees te telles gés,qui nous venoient recognoi-
stre,mais a ceux qui se vouloyent approcher de nous,nous
leur tirions sus & aussi tost s'enfuyoient. D'autant que les
Mores,ne craignent rien a l'egal des arquebusades.

Ce iour la mesme nous fut raporté qu'vne barque de
Chrestiens,auoit esté prinse pres du Caire,a l'entrée du bras
de Damiette.Mais pour tout cela nous ne laissasmes de con-
tinuer nostre chemin aussi tost que le vent fut appaisé. Et
arriuants a vn beau village nommé *Foua* nous desirions
de prédre le bras du Nil qu'on appelle *Calis*,& qui va droict
en *Alexandrie*.Mais nous fusmes la aduertis que pour ceste
fois il ny auoit moyen d'y passer,a cause qu'il estoit ia coup-
pé en plusieurs endroicts,pour arrouser les terres,& ainsi
fusmes contraincts de retourner a *Roussette* ou nous arriuasmes apres auoir demeuré trois iours comme nous auiós
faict en allant de ladicte ville au grand Caire.

Voulant aller dela en *Alexandrie* par terre nous ne sceusmes trouuer aucune monture d'autant que le Bacha, qui
estoit party ce iour la pour aller a Constantinople les auoit
enmené auec soy & pourtant nous nous remismes dans
vne autre germe sur la Mer , mais apres que nous eusmes
passé le chasteau,qui deffend la bouche du Nil, nous descouurismes vne *barque* semblable a la nostre , assablée deuant nous , & craignant qu'il nous en arriuast autant nous
retournasmes,par ce que les entrées se changent souuent,
& rendent par ce moyen,le passage d'angereux. Sur le soir
il nous arriua des *montures*,& ayant chargé nos hardes &
nos licts sur des Chameaux nous partismes a minuict &

allasmes

allafmes repofer enuiron trois heures a vn *Caruaferat* qui
eftoit fur noftre chemin.

  Le lendemain qui eftoit le troifiefme d'Octobre nous
arriuafmes de bonne heure en *Alexandrie* ville fort ancienne.   D'aultant qu'elle fuft premierement baftie par
Alexandre le Grand, & furnommée ainfi de fon nom.

1. *La porte du Nil.*	7. *Mofquée.*	12. *Le Lac d'eau douce.*
2. *Le flus du Nil.*	8. *La maifon d'Alexan-*	13. *L'entree du Port.*
3. *Porte du Caire.*	*dre magne.*	14. *Tour de la Garde.*
4. *Bois de Palme.*	9. *Saincte Catherine.*	
5. *La Sepulture de S. Marc.*	10. *Le neuf Chafteau.*	
6. *Obelifces ou Pyramides.*	11. *La colomne de Pompee.*	

Sa situation comme vous pouuez voire par le present dessein, est en lieu sablonneux & sur le bord de la Mer, bastie en forme de croissant plus large que longue, partagée en deux, la vieille & la neuue, dont la premiere a bien trois mils de long, ayant au dedans outre les choses rares que nous dirons cy apres, deux montaignes de sable qui y sont encloses: Les anciennes *murailles* qui l'enferment sont encor debout, mais le dedans est quasi deshabité. Tous les bastiments sont creux au dessoubs, & remplis de *Cysternes*, qui sont soustenues par tout de pilliers de marbre, & cecy pour la necessité de l'eau, d'autant qu'on n'y en a point d'autre, que celle que par certains canaulx l'on côduict du bras du Nil, appellé *Calis*, pour remplir les dictes *cysternes*, tous les ans vne fois, qui est le quinsiesme d'Aoust. Il y a la des fort belles & grandes rues, ausquelles on peut voir plusieurs antiquitez & ruynes. Entre autres se voyent les vestiges du Palais du Roy *Costus*, pere de *Saincte Catherine*, & aupres d'iceluy six colomnes de marbre de vingt pans de tour, & hautes de trois toses hors de terre, & le reste couuert de ruynes. Nous vismes aussi au long d'vne rue le lieu ou *Sainct Marc* fut decapité, & y a icy vne Eglise ou se garde par les *Goffites* la pierre sur laquelle la teste luy fust tranchée la Chaise ou il preschoit & ou son corps fut enterré, qui depuis fut transporté a *Venise*. Encor il y a vne Eglise dediée a *Saincte Catherine*, on l'on voit vne colomne quarrée, sur laquelle la dicte *Saincte* fut descolée. Pres des murailles du Port se voyent deux *esguilles* quasi semblables, & toutes grauées de lettres hieroglyphiques, dont l'vn est couchée & couuerte de la plus part de terre, l'autre est

haute

haulte de dix toise hors de terre, ayants vnze pans de quarrure.

Plus haut l'on nous monstra la place ou estoit ancien- *Palais de*
nement le Palais de Cleopatre qui auoit vne gallerie auan- *Cleopa-*
ceant dans la Mer comme on peut voir par ses ruynes. *tra.*

Hors de la ville se voit *vne colomne*, que Cesar fit eriger *Belle Co-*
en memoire de la deffaicte de *Pompee*, laquelle est de mar- *lomne de*
bre & haute, la baze & les chapiteaux de quatre vingt pieds *Cesar.*
de Roy, & vingt huict de tour. La Baze en a quatorze de
hault & autant de quarrure & les chapiteaux de mesme, tellement que tous ensemble elle a *cent huict pieds de hault.*

Quand a la *ville neuue*, elle est vn peu plus plaisante, assise *Ville neu-*
dans vne plaine, ayant a main gauche le vieux port, qui est *ue d'Alex-*
deffendu *d'vn Chasteau*, qui est a la *vieille ville*: mais a cause *andriq.*
de sa difficulté, l'on ne n'en sert plus, que pour mettre quelque fois des galleres & galliottes.

A main droicte est le *port neuf* qui n'est qu'vne plage cõ- *Port mal*
battue de la *Tramontane*, mais il est deffendu de part & *asseuré*
d'autre de *deux chasteaux*, qu'ils appellent farilos, dont l'vn *d'Alexã-*
est sur vne *petite Peninsule* & fort incommode d'eau dou- *drie.*
ce & n'en a point d'autre, que celle qu'on y porte des *Cy-* *deux cha-*
sternes de la ville. L'autre est vis a vis, & faut que tous les *steaux def-*
vaisseaux passent a la mercy de l'artillerie de ces deux cha- *fendant le*
steaux & n'estoient ces deux ports, la ville seroit en peu de *Port.*
temps deshabitée a cause du mauuais air qui y est.

Apres auoir demeuré seize iours en ceste ville, nous par- *Depart*
tismes le seiziesme d'Octobre pour *Malte* & passasmes *d'Alex-*
apres quelque temps aupres de *l'Isle de Candie* appartenãts *andrie.*
aux Venitiens, & ou ils ont tousiours vingt cinq ou trente *Malte.*
                                                            Candie
                                                            Isl. apar-

Galléres, pour ſa defençe de ceſte Iſle & de leur Golfe dequoy ie vous ay voulu faire deſſaigner icy la figure.

1. Candie.
2. Laberinthe.
3. Ville de Cania.
4. Le Port de Cania.
5. Capo Antropoli.
6. Le Pont de Suda.
7. Fariony.
8. Adelfy.
9. Cap de Salomon.
10. Cap Pentoſſo.
11. Riuiere de Caſarco.

Le vent nous eſtant puis apres deuenu contraire, nous
contraigniſt de relacher deuers *Corfou*, & dela nous porta
a l'endroiƈt du Cap des *Spartinente*, qui eſt en *Calabre*, ou
nous deſcouuriſmes le *Mont Gibel*, qui eſt en *Sicile*, & que
les anciens appelloient le *Mont d'Athna*.

Corfou.

*Mont Gi-
bel en Si-
sile.*

Dela

Dela nous reprinſmes le chemin de *Malte*, allants touſiours neantmoins ſur les volte iuſques a ce que nous fuſmes entrez dans le *Canal* de ladicte Isle, qui a ſoixante mils
depuis le Cap de Paſere, iuſques audict *Malte*, auquel nous
arriuaſmes apres que nous euſmes demeuré ſeixe iours ſur
la Mer.

D'autant que l'on meurt quaſi tous les ans de la pêſte au
Leuant tous les Vaiſſeaux qui viennent dela, ſont obligez
de faire la quarantaine, s'ils n'ont atteſtation de ſanté, qu'ils
appellent *patente nette*.

Mais le grand Maiſtre nommé *Aloph de Vignaucourt*,
auſſi qu'il ſceut noſtre arriuee nous enuoya ſans autre difficulté receuoir par des *Cheualiers*, & nous fit conduire a
ſon Palais, ou eſtans receus de luy, auec toute ſorte d'honneur & traictez magnifiquement nous fuſmes conduicts
en vn logis, qu'il nous auoit faict preparer.

Si toute ceſte Isle n'eſtoit ſi bien cogneue de tout le
monde, ie ſerois plus long a la deſcription d'icelle, mais
qui en voudra ſcauoir d'auantage, liſe tant & tant d'hiſtoires qui en parlent.   Il nous ſuffira de dire que la *Ville neu-*
ue, au bout de laquelle eſt le chaſteau *Sainct Elme*, eſt
vne des plus fortes & plus belles villes qui ſe puiſſe voir, &
ſe peut auec raiſon appeller, vn des *Rampars de la Chreſti-*
enté, eſtants par dehors les foſſez taillez dans le roc, & les
Baſtions & Caualliers fort releuez chargez de pieces
d'artillerie, au dedans les rues droictes & larges, les
maiſons belles & haultes baſties toutes de pierre de taille, entre leſquelles la plus magnificque & ſuperbe eſt le

Y ij   ſPalais

Palais du *grand Maistre*, & puis aprés les *Auberges*, qui
font en nombre de huict feparée felon les Nations des
Cheualiers, fçauoir deux *d'Efpaigne*, deux *d'Italie*, vn d'*Al-*
lemagne, de Champagne, d'Auuergne, & de Prouence; & eft
vne chofe digne de remarque, qu'auec les frais qu'il faut
que la Religion faffe continuellement la guerre, elle ayt
neantmoins acheué & parfaict toute cefte ville en trente
fix ans, il ny faut point oublier auffi vne belle falle d'armes
qui eft la capable d'armer vingt cinq mils hommes.

   De l'autre cofte de cefte ville eft le Bourg ancien demeure des Cheualiers, & le Chafteau de *S. Ange*, affis fur
le fommet d'vne montaigne, qui deffend les ports. Enuiron cinq mils de la ville neuue eft la *Cité vieille*, laquelle
outre fa plaifante affiette qui eft au plus hault *Terrain de*
l'Isle, eft fort bien fortifiée, enuironnée de bonne murailles
& baftions, & ou fe donnent toufiours les premieres alarmes, quand quelque vaiffeau ennemy veut approcher de
l'Ifle & pour obuier a telle furprife l'on fait toutes les nuicts
bonne garde, tant a pied qu'a Cheual, au long des coftes de
la Mer. Et auffi toft qu'ils apperçoient quelques chofes, ils
font *des feux*, & enuoyent des hommes a cheual, qui vont
en toute diligence aduertir les lieux circonuoifins, & dela
a la *vielle Ville*, ou lon tire quelque coup de *Canon* pour aduertir ceux de la neuue, tellement qu'en moins de rien, ils
font fur leur garde & prefte a fe deffendre. Qui voudroit
icy raconter le bel ordre que cefte Religion, tient a faire la
guerre, tant en fe deffendant qu'en attacquant fes ennemis, il en fauldroit faire vn liure entire, & non pas vn dif-
cours fimple comme ie fay icy.

                                                    Voyons

Voyons a ceste heure les autres choses digne d'estre
veues,& premierement *la grotte de S. Paul* a present reduicte en chapelle & ornée de belles peintures,ou ledit *Sainct*
preschoit le peuple,& ou il fust *mordu* de la Vipere, comme on le peut lire aux actes des Apostres.   La terre de ce
lieu,& celle de toute l'Isle a ceste vertu de *guerir les morsures
de Serpens*,qui depuis l'arriuée dudict Sainct ne font aucun
mal icy.

Le *Bousquet* n'est enuiron qu'a trois mils de la , lieu de
plaisir du grand Maistre,qui est vne maison *quarrée fort aggreable*,bastie par le Grand Maistre de Verd,les enuironnée de fossez,taillée dans le roc.Tout aupres il y a vne autre maison de plaisance accompagnée d'vn grand iardin,
que la quantité des fontaines & toute sorte d'arbres qui y
sont rendent fort delectable.Retournant dela a la ville l'on
voit beaucoup de terres bié labourées & plusieurs iardins,
que si le reste de l'Isle qui est fort piereuse estoit semblable
a ceste endroict,la Religion n'auroit que faire d'aller cher-
cher des viures ailleurs.

Nous demeurasmes seulement sept iours a *Malte*, & y
fussions demeurez d'auantage n'eust esté que nous ne vou-
lions pas perdre la commodité de deux *Galleres* que la Religion enuoyoit a *Messine*. Mais auant que partir d'icy , il
faut que ie couche ce discours par la cõmemoration d'vne
infinité de courtoisies & honnestetez que nous receusmes
en ce lieu de la plus part des principaux *Cheualiers* & nom-
mement de *Monsieur le Grand Maistre*, lequel ne se con-
tenta pas de nous faire tousiours manger a la table mais a
nostre despart commanda au Capitaines de ses deux Galleres

leres de nous traicter , loger & accommoder comme si
c'estoit luy mesme. Il sera aussi necessaire pour le contentement du Lecteur de placer en cest endroict la figure de
toute l'Isle.

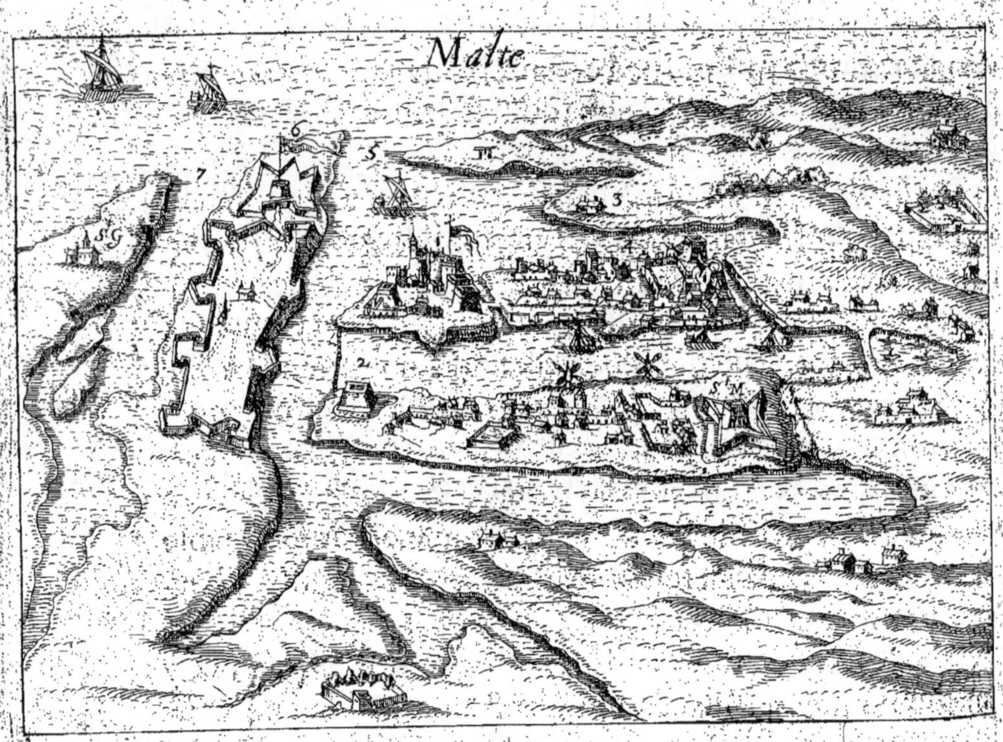

1. Chasteau S. Ange.   4. Faulbourg.   7. Port Musetta.
2. Plate forme.   5. Port S. Elme.
3. S. Sauueur.   6. Chasteau S. Elme.

 Faisant ainsi voile le vingt septiesme de Nouembre
nous arriuasmes auec bon vét a *Siracuse*, ou ne pensans demeurer qu'vn iour, l'iniure du temps nous y fit demeurer
                                                      quatre,

quatre, nous donnant par ce moyen de mieux voire la Ville & les antiquitez d'alentour.

La Ville de *Siracuse* est en *Sicile*, situeé sur vne Peninsule non seulement forte pour son assiette naturelle, mais pour les bons *Bastions* qui l'enuironnent, & a vne necessité l'on pouroit faire venir la Mer tout a l'entour.

Cest ce lieu qui fust si long temps attacqué par les Romains, & si valeureusement deffendu par ses habitans, & ou Archimede ce grand ingenieux trouua tant de rares & admirables inuentions.

En ce temps la Ville estoit beaucoup plus grande, comme on peut voir par les ruynes qui s'estendent iusques a deux mils dela, il y a beaucoup de *Grottes & Sepulchres soubs terre*, ou par autrefois l'on alloit iusques a vingt mils. Mais a ceste heure on a bouché ces conduicts, & ny peut on aller qu'vn mil, & ce qui est de plus remarquable, est vne *Grotte taillee* dãs le roc longue de soixante & vn pas, large de sept, & haute enuiron de vingt, en laquelle on dit que *Denis le Tyran* souloit mettre des prisonniers.

De cest endroict l'on va par des grandes *allees taillees* pareillement dans le roc, & longue de deux mils, a l'Eglise & demeure des *Capucins*, ou se voyent plusieurs beaux iardins, a tous cultiuez appartenants ausdicts Religieux.

Aussi tost que le temps se mist au beau, l'on mist la *Banniere de partente*, & apres auoir tiré vn coup de Canon, nous partismes du Port, & arriuasmes au

matin

matin a *Auguste*, qui est aussi vne ville du *Royaume de Si-cile* assez bien bastie, & situëe sur vne montaigne accompa-gnëe d'vn assez bõ port, & n'a autre deffaut que d'eau douce

Pres de la il y a des *Salines* qui apportent vn grand profict a ceste Ville, auquel lieu nous veismes pour la seconde fois mais de beaucoup plus pres *le Mont Gibel*, au sommet du quel l'on voit de iour vne fumëe fort espesse, & de nuict du feu.

Sur la nuict nous fismes voile & arriuasmes au matin a *Meßine*, qui est vne fort belle & grande Ville, situëe au long de la Mer, sur vne *Colline* somptueuse en beaux *Palais*, bien marchande en *soye* principalement, enuironnëe de *bonnes fortifications*, les rampars chargez d'artilleries, en-tre lesquelles il y en a vne de trente pans de long. *Le Port est bien l'vn des plus beaux* qui soit au monde, lõg de trois mils, ou les Galleres peuuent par tout donner de la pouppe en terre, & qui est garny & asseurëe d'vn Mole aussi long que la Ville, & si large que quatre carosses y peuuent passer. Nous vismes aussi dans la Ville *vne Statue* de bronze, de de *Don Ioan d'Austriche* a cheual, dressëe sur vne baze de marbre, ou est descripte la bastaille de Lepante. Cest ville tant celebre & cognue par tout le monde merite bien de vous estre icy representëe.

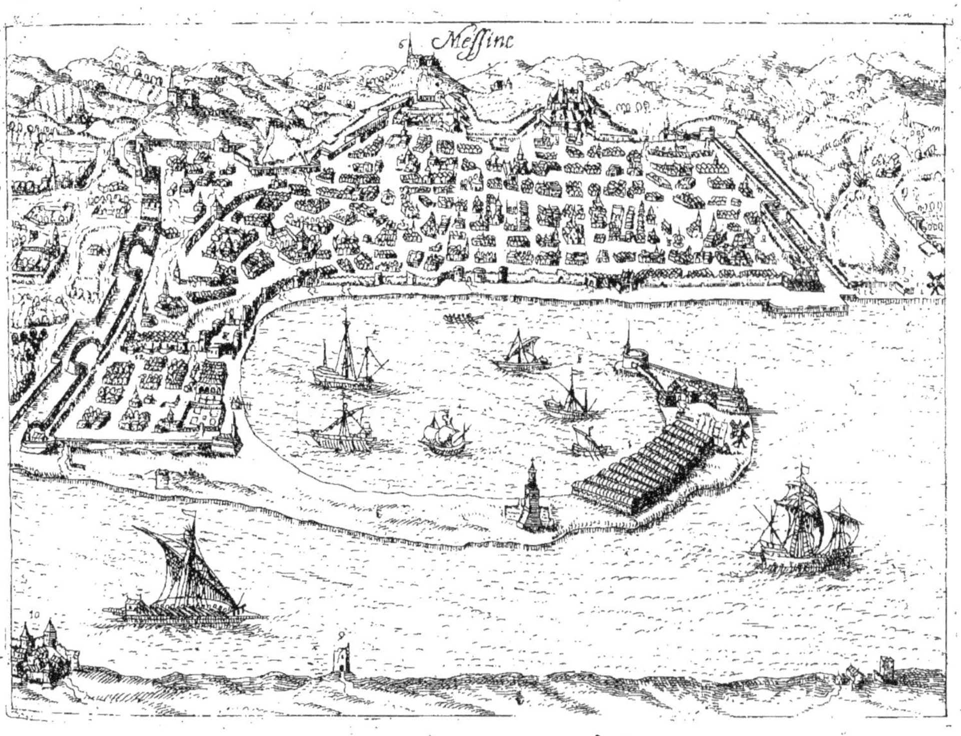

1. *Arſenal neuf.*	5. *Chaſteau de Matagrifoni.*	9. *Tour de Lendinel.*
2. *Egliſe S.Iaques*	6. *Chaſteau fort.*	10. *Regio ville de Calabre.*
3. *Fontaine S. Iean.*	7. *Chaſteau de Gonſague.*	11. *Monaſtere S. Barbé.*
4. *La tour du Fanal.*	8. *Demeure des Rois.*	12. *Monaſtere de Danies.*

Nous laiſſaſmes icy nos Galleres, & louaſmes vne *Fe-*
louque pour nous conduire iuſques a *Naples* & ayans tra-
uerſé le *Phare de Meſſine,* & paſſé les lieux renommez de **Phare de**
Carybdis & Sylla & laiſſé derriere nous l'Iſle de *Sicile*, & a **Meſſine**
main gauche celle de *Vulcano, & de Lipary,* & de *Stronboly*
Iſles fort cognues, nous arriuaſmes a *Turpia* ville ſituée
ſur vn rocher, ou toute la nuict les habitans de ce lieu furent en prieres & proceſſions, a cauſe que alors tout le Ciel **Deuotion**
paroiſſoit eſtre en *feu & en flame,* & au oient peur que cela **des habi-**
tans

Z

ne leur signifiat quelque mal-heur, continuant nostre chemin au long des costes de *la Calabre*, nous passasmes deuant *Sancta Eufemia, Castillon, Lamantia, & Paula*, qui est a cent trente six mils de *Messine*, & d'ou estoit Saint François surnommé dé ce lieu, & qui fut autheur de l'ordre des Minimes.

Et puis apres ayant passé *Belweder & Cairele*, nous entrasmes dans le Golfe de *Policastre*, qui est bordé par tout de bonnes tours gardees & chargees d'artilleries, & esloignees l'vne de l'autre seulemét d'vn mil, au lieu que celles qui sont en la *Calabre* sont esloignees de cinq & six mils, lesquelles ne seruent a autre chose, que pour esloigner les Corsaires, & aduertir les lieux circonuoisins.

De Paula iusques a ce golfe il y a septante six mils, & dela au *Cap de Palinurus* vingt mils qui est vn lieu fort dägereux, a cause que les Corsaires se peuuent cacher derriere des rochers sans estre veus des tours.

Apres nous laissasmes vne abbaye qu'on appelle *Lessorola*, & ayant passé le golfe de Salerne, qui est ordinairemét fort impetueux, arriuasmes le 26. de Nouembre audict *Salerne*, qui est esloigné du susdict Cap de Palinurus de nonáte & quatre mils. Estans arriué en ce lieu & ayans entendu que dela a *Naple* il y auoit par mer encor soixante mils, & par terre que trente, nous nous resolusmes de prendre le plus court, & le plus aggreable.

Mais auant que de finir le discours de mon voyage, ie vous diray, que *Salerne* est assise sur le pendant d'vne Colline, ayant au plus haut vn chasteau qui commande a la ville en laquelle il ny a rien autre chose de remarquable, sinõ qu'il

qu'il y a vne Vniuerſité fort celebre , & vne Egliſe fort ancienne dedié a *S. Mathieu* en laquelle outre pluſieurs corps
Sainꞓts, le corps de *S. Mathieu* y eſt qui rend continuellement & par grand miracle de l'huile qu'ils appellét *Manna*,
laquelle prinſe auec deuotion guerit de diuerſes maladies.

 Ayant bien veu ceſte ville & quitté tout ce faſcheux & en-
nuyeux element de la Mer, nous paſſaſmes par *Naples*, ou
nous arriuaſmes le 27. de Nouembre. Et encor que ce ſoit
vne des plus aggreables & belle ville du mõde, ie ne vous
en feray point d'autres deſcriptions que de vous en monſtrer icy le deſſein.

Et puis que nous auons pris ce gratieux air de la terre
il me semble desia estre arriué au logis, & pourtant ie fini-
ray icy la Relation que ie vous ay voulu faire, de tout ce
que i'ay veu de memorable en tout mon voyage, vous priant d'auoir pour aggreable la façon de laquelle i'ay vsé en
mon discours Et d'autant plus que des le commencement
i'ay protesté de n'y employer aucune Rethoricque, mais
de parler en termes simples, pour accourcir mon liure.
Lequel s'il a esté plus long que ie ne desirois, & qu'il
ne seroit de besoing, pour le plaisir des lecteurs
il faut attribuer la cause a la longueur du
voyage, & non pas a moy.

F I N.

Approbation des R R . Peres Gardiain & Lecteur du
Conuent des Cordeliers du Toul.

NOVS soubsignez auons leü ceste presente Relation,
en laquelle auons trouué choses (a la verité) dignes
de la foy & creance du pieux viateur qui en a faict ce traicté, qui ne peut apporter que contentement aux lecteurs
d'iceluy: & partant digne d'estre exposé a la lumiere.
A Toul ce 12 Mars.

F. ESTIENNE THABEE.
F. IACQVE LA FRONGNE.